生活因阅读而精彩

生活因阅读而精彩

迷路只为看花开：

你给生活意境，生活给你风景

陌 陌／著

中国华侨出版社

图书在版编目(CIP)数据

迷路只为看花开:你给生活意境,生活给你风景 /
陌陌著.—北京:中国华侨出版社,2013.10

ISBN 978-7-5113-4193-8

Ⅰ.①迷… Ⅱ.①陌… Ⅲ.①人生哲学–通俗读物

Ⅳ.①B821-49

中国版本图书馆 CIP 数据核字(2013)第252503 号

迷路只为看花开:你给生活意境,生活给你风景

著　　者 / 陌　陌
责任编辑 / 宋　玉
责任校对 / 王京燕
经　　销 / 新华书店
开　　本 / 787 毫米×1092 毫米　1/16　印张/17　字数/240 千字
印　　刷 / 北京建泰印刷有限公司
版　　次 / 2013 年 12 月第 1 版　2015 年 3 月第 2 次印刷
书　　号 / ISBN 978-7-5113-4193-8
定　　价 / 32.00 元

中国华侨出版社　北京市朝阳区静安里 26 号通成达大厦 3 层　邮编:100028
法律顾问:陈鹰律师事务所
编辑部:(010)64443056　　64443979
发行部:(010)64443051　传真:(010)64439708
网址:www.oveaschin.com
E-mail:oveaschin@sina.com

前　言

　　很欣赏一句广告语："人生就像一次旅行，不必在乎目的地，在乎的是沿途的风景以及看风景的心情！"想想怎样的人生才能够如此的豁达？

　　把人生看成一段旅程，在旅行中遇到的每一个人、每一件事与每一处景色，都有可能成为一生中难忘的风景。一路走去，我们无法预测自己是否会迷路，也无法预测前面有什么样的风景，但前行的脚步却始终不会停下。起点我们不能选择，终点我们不能阻止出现，过程却是在我们自己脚下。自出生那一刻起，就开始了自己漫漫的人生旅程。没有一条路没有风雨没有坎坷，也没有一条路始终是黑暗没有光亮。不管是阳光灿烂还是风雨交加，在时间的流逝中，都将成为旅程中的一部分回忆，既然选择了就得走下去，要想走得好，那么只有随时保持足够的信念和勇气，才能不断前进，发现和享受到更多更美好的风景。

人生不能失去看风景的心情。不同的心情，也将领略到不同的风景。再美的风景，如果没有好的心情，就不能感受到其中的韵味。再糟糕的风景，只要有乐观的态度去面对，那么困难也会变成是锻炼的机会。在人生的旅行中，走过的路都将成为背后的风景，不能回头不能停留，那么就不如享受每一刻的感觉，欣赏每一处的风景。我们要想欣赏左边的群山，就要放弃右边的平原；要想欣赏右边的大海，就得放弃左边的小溪。有得必有失这是大自然永恒的规律，我们要懂得放弃，放弃从另一个角度讲或许是一种成全。但是我们要懂得珍惜自己现在拥有的。陶醉于群山时，不要想着平原，沉迷于小溪时，不要还想着大海。在人生这趟旅行中，我们会得到很多很多，也会失去很多很多，但是我们不会为失去而后悔。因为我们曾经奋斗过，曾经拥有过，我们经历过人生这趟旅行，我们感受过生活的酸甜苦辣，我们无愧于我们的今生。保持一份平和，一份清醒，可以身居闹市而自辟宁静，固守自我而品尝喧嚣，在人生无论长或短的旅程中，全然切断时间的概念，享受悠闲，享受过程。欣赏岁月的沉淀和时间的幽深，不辜负我们不期而遇的各种光景。在人生的路上迈着温和而刚健的步伐，在渐进中沉淀回忆和纪念，在没有追悔的期待中完成行程。只有这样我们才算不虚此生、不虚此行。

　　每一个繁花似锦都经历了暗涛汹涌，每一个鲜艳夺目都经历了风雨无阻，每一个风光无限都经历了黯然神伤。人生浮沉是一种历练，岁月沧桑是一种积累。所有一切，只有经历过的人才懂得背后的力量。

　　所以，愿我们静静的心里，都有一道最美丽的风景。尽管世事繁杂，心依然，情怀依然；尽管颠簸流离，脚步依然，追求依然；尽管岁月沧桑，世界依然，生命依然。

目CONTENTS录

　　人生就像一次旅行,旅行的过程如同花开花落,月圆月缺,枯荣皆有时。很多人,一直在追逐幸福,却忘了享受当下。幸福只是一个活着的过程,而不是某一个终点,在这个过程中,有喜,有怒,有哀,有乐,不管何种心情,经历过后,都是一种拥有和幸福。

第一辑
不必在乎目的地,而是在乎远途的风景

人生就像一次旅行。旅行，总要有所计划，而不是漫无目的去走。再美的风景，都要你亲自去领略，别人无法代替。希望总在路上。人生也是如此，总要主动地去规划，而不是被动地接受。规划好自己的旅程，启程奔往那片希望的原野，希望就在前方。

第二辑

心中有方向，世界不迷茫

寻找最美的风景，不用东奔西走，不用四处奔跑，只要你用心去发现，虽喧闹，却是繁华的美；虽宁静，却是淡雅的美。生活处处是美景，即使前方荆棘丛生，险峰林立。最美的风景不在别处，就在身边，但不是随处可见，有时，需要你转个弯。

第三辑

做悬崖上的花，览绝处风景

　　我们是否只知道匆匆地赶路，却忘了欣赏沿途的风景？终点不是人生的目的，一路的天高云淡，鸟语花香，才是真正的收获。如果脚步匆匆，即使走得比别人快，也得不到真正的快乐。慢慢走，打开心灵的窗户，且听风吟，让人生的美景为你停留。

第四辑
打开心灵的窗户，且听风吟

寂寞不仅是一种状态,而且是一种人生的修为。人生的生活方式有很多种,无论选择哪一种,独处时,都要耐得住寂寞。耐得住寂寞的人才能成就一番事业。守住心境,耐住寂寞,学会独处,享受孤独,在独守中整理自己,强大自己。

第五辑
耐得了寂寞,守得住繁华

静心是清明,是漫漫红尘中的一段静守。面对生活中的五颜六色,起起伏伏,得得失失,心平气和,安然淡定。内心安宁,摒弃浮躁,生活就会一片碧海青天。

第六辑
云在青天,水在瓶

　　生活的本源是什么?什么是快乐?什么是幸福?人生路途中,我们的行囊不断地被充满,脚步也变得缓慢。当我们行进了一程,就要试着为生活做减法,放下沉重的、不必要的负累,敞开明丽的心,生活才能简约,心态才能恬然,灵魂才能纯净。

第七辑
世界很简单,不要人为地搞复杂

心态决定状态。当我们放宽心的时候，人生的路自会豁然开朗。待人厚道，善念伴一生，成全他人，同时成全了自己。把心放宽，心灵就如同大海般宽广，天空般空灵，大地般辽阔。放开心灵的闸门，打开心灵的包袱，让心灵高飞，心宽天地广。

第八辑
若不是心宽似海，哪有风平浪静

心若计较，处处都是怨言；心若无怨，时时都是春天。静下心来，克制情绪，境随心转，减去一分痛苦和煎熬，日日如沐春风，时时清凉无忧。

第九辑

乱花中不迷路，泥淖中不抱怨

人生中，烦心事、伤心事、痛心事、苦心事时常相伴。没有如意的生活，只有看开的人生。人生漫漫，又何必纠结于某一人、某一时、某一事。只有看开了，想通了，才能随缘、随性、随心而安。看得开，放得下，生活随时都有清风相伴。

第十辑

没有如意的生活，只有看开的人生

有的人沉溺于过去，痛苦，无法自拔；有的人憧憬于未来，迷茫，糊里糊涂。过去无法改变，将来无法捉摸，安享当下，即为解脱。活在当下，聆听生命，便活出了幸福。

第十一辑
把一天当作一辈子，静享当下

第一辑
不必在乎目的地，而是在乎远途的风景

　　人生就像一次旅行，旅行的过程如同花开花落，月圆月缺，枯荣皆有时。很多人，一直在追逐幸福，却忘了享受当下。幸福只是一个活着的过程，而不是某一个终点，在这个过程中，有喜，有怒，有哀，有乐，不管何种心情，经历过后，都是一种拥有和幸福。

固守心灵的风景

如果欲望肆意疯长，就会挤走快乐。

对名利的追逐有着一定的现实意义。但有的人过分贪婪，不择手段，害己害人，尔虞我诈，逞才斗气，最终却为自己带来无尽烦恼。

加在身上的名声只是一种感觉，而这种感觉却是容易消失的；利益进入腰包，受用的只是肉体，可是肉体的欲望却是永无止境的。欲壑难填，永不满足，所以要殚精竭虑，永远不得喘息，直到痛苦地死去为止。其实，真正的快乐或幸福和名利二字并没多大的关系。而追求名利所付出的代价和备尝的痛苦，远比得到的快乐要大得多，并且是短暂易失的。

虽然一定的物质财富可以为我们带来物质上的满足，可以为幸福美好的生活奠定良好的物质基础，但是，倘若将功名利禄作为人生的唯一目标，作为衡量事情的唯一标准，那么必将走向一个极端，必然会成为功名利禄的奴隶。要知道，物质上的贫困并不可怕，最可怕的是精神上的贫困。

人不能将财富带进坟墓，但是财富却会把人带进坟墓。我们应该树立正确的人生观、价值观，做到君子爱财，取之有道。同时我们更应该具有超越现实的能力，毕竟生活得快乐、幸福与否并不取决于一个人拥有多少财富。要知道平淡、简单、朴实的生活一样可以唱出生命的凯歌，一样可以幸福快乐。

亚历山大大帝是马其顿国王腓力二世之子。年少时拜哲学家亚里士多德为师。亚历山大即位后，开始镇压希腊各城邦的反马其顿运动，并大举侵略东方。

亚历山大大帝的一生，是以征服为荣的一生，可是在他占领了近半个地球的土地以后，开始为找不到对手而寂寞落泪，从此郁郁寡欢，在 32 岁的时候病入膏肓，无论什么样的治疗方式都无法挽救他年轻的生命。他静静地躺着，没有人知道他在想什么，当他得知自己的生命将要走到尽头的时候，竟显得出奇的平静，这时候的亚历山大大帝，再也不是那个不可一世的征服者。

就在奄奄一息之时，他安排了自己的后事，他吩咐下属说："我死以后，请你们在我的棺材上挖两个洞，把我的双手放在棺材外面，然后再抬我走过街市。"

下属们都很疑惑，说："为什么要这样做呢，从来没有人这样做过，也没听说有这样的事。"

亚历山大大帝以命令的口气说："但你们一定要这样做！"

下属小心翼翼地问道："能否让我们知道为什么要这样做？"

亚历山大大帝用尽最后的力气说出了让世人震惊的话语："我要让人们看看拥有无限财富的亚历山大大帝死后的双手，让人们知道我也是两手空空离开世界的。人两手空空来到世界，必将两手空空离开世界，带不走任何的身外之物。我要让人们看到，亚历山大大帝活着的时候似乎很风光，但他死的时候却是一个全然的失败！我要让人们记住我的教训，莫让宝贵的生命消失得太快。"

著名小说《飘》的作者玛格丽特·米契尔说过这样一句话："一直要到你失去了名誉以后，你才会知道这玩意儿有多累赘，而真正的自由又是什么。"盛名之下，是一颗活得很累的心，因为它只是在为别人而活着。人们常羡慕那些名人的风光，可是否了解他们的苦衷呢？希望我们可以为自己活着，因为为自己活着的生活才更有意义。

世间的诸多诱惑比如桂冠、权贵等，都是身外之物，只有生命最美，快乐最贵。想要活得潇洒自在，想要过得幸福快乐，我们就必须做到：学会淡泊名利；位高不自傲，位低不自卑，欣然享受清心自在的美好时光，这样就会感受到生活的快乐和惬意。如果太看重功名地位，那么一生的快乐都会毁在争权夺利中，这样的结局就太不值得，也太愚蠢了。

总之，追逐名利如果能够顺其自然，不牵挂于心，也许还有不少的快乐。有些人看透了这一点，宁愿求取心灵的自由和潇洒，也不愿意成为名利的奴隶。参透了这一点，对于人生的历程来说，才会生活得更幸福。

停下来，等等灵魂

我们要适时停下来，这样才不会丢失灵魂。

一位哲人曾说过这样一句话：一个没有灵魂的躯体是一个精美的皮囊，一个没装知识的大脑是一个精致的摆设。可见有个高贵的灵魂是多么的重要。

在墨西哥，有学者要到高山顶上印加人的城市去，他们雇了一帮挑夫运送行李。

在行进的过程中，这帮挑夫突然坐下来不走了，学者非常着急，可不管怎么催促他们也没有效果，并且一坐就是几个小时。

后来，挑夫的首领才说出他们不走的理由。因为他们觉得人要是走得太快了，就会把灵魂丢在了后面。

首领说："每当我们急行了三天，就一定要停下来，等等灵魂。"

我们为了更好的生活，为了更大限度地实现自身价值，努力地奔跑，甚至玩命地拼搏。结果，一个个成了与时间赛跑、与命运决斗的机器。

丢失了灵魂，就等于丢失了自我。我们在快步行进的同时也要适当地停歇，停下来等一下自己的灵魂，不要把自己的灵魂丢弃了。不要为了没有尽头的目标，把灵魂丢失掉。

人生的尽头是什么呢？家财万贯还是备受敬仰……如果不知道停歇的话，永远没有尽头。《菜根谭》里有这样一句话："忧勤是美德，太苦则无以适性怡情。"这句话的意思是说尽心尽力去做事是一种很好的美德，但是过于辛苦地投入，就会失去愉快的心情和爽朗的精神。灵魂也好，愉快的心情和爽朗的精神也罢，都是我们的幸福之本。如果没有灵魂，人不过是行尸走肉而已；如果没有愉快的心情和爽朗的精神，还有什么人生的乐趣可言呢？

因此，我们要适时停下来，这样才不会丢失灵魂。

有些欲望令我们迷失自己，也正是这些欲望的驱使，令人们抛弃了自己的灵魂，只为满足自己的私欲。

面对这么多的诱惑我们怎么做呢？最简单的方法就是控制自己的欲望，减少自己的弱点。明确自己为人处世的原则会令你变得刚强，坚守做人的原则会使你少走许多的弯路，保持一颗纯净的心可以令你活得更自由、更快乐。这些原则本质上指的就是人的灵魂，只有保持自己的灵魂，才不会被诱惑吸引。

总之，人生就像一次旅行，我们在行走的过程中，丢失了灵魂，就等于丢失了自我。我们要保持自己的灵魂，不要因为快走而丢失它。

拨开心头的云

平和的心态，终可拨云见日。

就像一枚硬币有两面，我们的人生也有正面和背面。光明、希望、愉快、幸福……这是人生的正面；黑暗、绝望、不幸、忧愁……这是人生的背面。那么，你会选择哪一面呢？

女工程师下岗了！这无疑是全厂最为轰动的新闻，人们纷纷议论着、嘀咕着。女工程师对人生的这一变化手足无措并因此深怀怨恨。她也愤怒过、吵骂过，但都无济于事。因为下岗人员的数目还在不断增加，别的工程师也开始下岗了。尽管如此，她的心里还是无法得到平衡，她觉得下岗是一件非常丢人的事。她的心态渐渐地由愤怒转化成了抱怨，又由抱怨转化成了内疚。她整天待在家里，不愿出门也不想见人，更没想过怎样开始自己新的人生，最终孤独而忧郁的心态控制了她的一切。由于她本来就血压高，身体不好，再加上忧郁的心态把自己的注意力集中到下岗这件事上。她内心一直都在拒绝这一变化，不愿意承认现在的一切都是真实的，她无法解脱。最后她带着忧郁的心态孤寂地离开了人世。

而在同一批下岗人员中的一名普通女工，心态却大不一样，她让自己很快从下岗的阴影里解脱出来。她想别人既然没有工作还能生活下去，那么自己也能生活下去。于是她萌生了一个信念——一定要比以前活得更好！此后，她的内心没有了抱怨和焦虑，她平心静气地接受了现实。说来奇怪，平心静气的心态让她发现了自己以前从来没有认真注意过的长处——她对烹调非常内行。就这样，在亲戚朋友的支持下，她开起了一家小小的火锅店。因为她发挥了自己的长处，她经营的火锅店生意非常红火，在短短的一年时间里，她就还清了借款。现如今她的火锅店的规模已扩大了几倍，成了当地小有名气的餐馆。

无论做什么，只要你想赢，心态就不能总处在消极的状态中。消极的状态只会使你沮丧、自卑、徒增烦恼，还会影响你的身心健康，结果，你的人生就可能被失败的阴影遮蔽了它本该有的光辉。

心中风平浪静，满眼青山绿树

保持内心的清明，内心便如平静的湖水。

内心平静的人，个性中会透出一股坚韧的力量，这些人相信未来，热爱生命。

对于很多人来说，幸福变得很奢侈。在现实的社会，生存的压力往往将人们美好的憧憬和梦想碾得支离破碎。我们似乎有很多理由放弃，并抱怨社会的阴暗与不公。我们常常因羡慕他人的财富而焦虑，又在焦虑中不断埋怨自己的生活。从而失去了内心的平静，于是人性的弱点随着日益浮躁的心态而放大，我们害怕寂寞和孤独，害怕坚持下去得不到结果。幸福的标准开始变得功利，患得患失的心态让我们难以感受到幸福。

内心的平静，本是人的本性。淡泊明志，宁静致远，饱满活泼的精神世界有助于抑制物欲和浮躁，所谓的幸福只能在内心找到。对那些我们无法掌控的事情就不要理睬，才能获得自由。假如我们的头脑充满了无边无际的恐惧与野心，就不可能拥有一颗轻松自在的心。

你希望自己是不可战胜的吗？那么就不要与你无法控制的事情进行抗争。你的幸福取决于三个方面，而它们都是你力所能及的：你的愿望、你对与自己有关之事的想法，以及利用你的想法并使之发挥作用。

真正的幸福总是与外部境况没有任何关系。要记住，属于自己的幸福只能在内心找到。

那些好口才、地位、崇高的荣誉、头衔、珍贵的财产、昂贵的服装或优雅的举止，我们是多么容易被这些东西迷惑与欺骗！请不要这样认为：那些名人、公众人物或那些极有聪明才智和艺术天赋的人肯定是幸福的。如果你这样想的话就会为表象所迷惑，从而对自己产生怀疑。

好的东西，究其实质，只会在你能控制的事物之中找到。如果你把这一点谨记在心，就不会再有那些虚幻的忌妒或悲惨的感觉，也不会可怜巴巴地拿自己及自己的成就去和别人比较了。

有一只青蛙拥有一口井，高兴的时候它会跳进水中，井水会托着它的双腮。钻进水里，泥巴便按摩它的脚。晚上跳上来，安静地坐在井边观看月亮。早上便到井外，悠闲地在草地上四处散步。

它非常喜欢到井里观看小蝌蚪、小螃蟹在水中嬉戏，并跟它们聊天。但由于经常被嘲笑是井底之蛙，它并不快乐。

一天，它遇到一只千年的乌龟，乌龟告诉它东海有多大，鱼儿在东海里面是如何快乐地畅游。于是青蛙决定离开它的井，前往东海。它经过平原，越过深沟，攀过高山，经过沼泽，荆棘刺伤它的身体，石块刮伤它的手掌，炙热的阳光灼伤它的皮肤，饥饿时要吃草根充饥。经过不断地日晒、雨淋，春夏秋冬，它终于到了东海。

它雀跃地跳进大海中，可是海水的盐分弄伤了它。鱼儿便告诉青蛙，你这样是不能生活在大海里的，应该去湖泊。

青蛙虽然很沮丧，可是还得继续旅行。攀过石头，越过沙漠，炎热的天气让它干枯，干燥的空气让它窒息，它只能吃草根为生。

日复一日，它终于到了湖里。它雀跃地跳进湖中，不断地前游，前游，直到疲惫，它想找个地方休息，美美地睡一觉，可是湖中没有一根芦苇，四周看不到边。它疲惫且沮丧，这时候又遇到了那只乌龟。

青蛙惊讶地问乌龟为什么不在东海，乌龟说东海虽然很大，可是并不适合它，西湖虽小，却乐在其中。

青蛙似乎明白了，游回岸上，继续前行。经过一段日子，青蛙终于回到它的井边，它雀跃地跳进去，满足地坐在井中观望蔚蓝的天空。

我们没法选择自己的出生，但是可以选择自己想要的生活。我们要相信上天赐予我们的都是一样的。保持一颗平静的内心，就能清楚地了解自己的性格、爱好和处境，进而选择合适的目标和道路，而不会被虚妄的念头或潮流所裹挟。没有一帆风顺的人生。理想和目标愈是远大，需要付出的努力愈是艰辛。如果没有平静的内心，就会缺乏源自内心的力量，梦想永远只能是梦想。

所以，想要拥有幸福，我们就应该拥有这种平静的力量。它能让我们认识自己，顺从自己的本性，释放出强大的生命力，以抵抗琐碎的生活对理想和斗志的侵蚀。

率性而活

不管事情怎样，都要保持率性。

我们活着的目的是什么？是得到别人的认可，还是创造一些成就？倘若只为得到世人认可而活，我们也未免活得太累了。其实自己也没伟大到受到世人认可关注的程度，所以我们应该为自己而活，发现和创造自己美好快乐的生活，这才是我们真正的价值。

那些提倡按他人的标准生活，为取得他人的认可而活，使人们追求所谓社会价值的实现，可以说是整个社会文化模式所塑造出来的人生价值观。这种价值观使很多很多的人放弃自己人生的快乐，而去追求他人的认可，成为其他人评价、态度和脸色的奴隶或木偶，被无关紧要的他人的行为所控制。

如果一味地按照别人的标准生活的话，你就会变得更加迷茫。因为他人或社会的标准是千奇百怪的，你满足了这种标准，就不能满足另外一些标准，你得到了这部分人的认可，就会失去另一部分人的认可。事实上一个人不可能满足周围所有人的要求。

现代生活的行为模式，就是树立榜样，表扬、赞美与奖励，批评、指责与处罚。作为个人，我们的思想，完全没有必要受这个模式控制。只要我们愿意，我们完全可以按照我们自己喜欢的模式去思想，率性而为，没有必要按别人的意愿生活。

"率性之谓道"是《中庸》三句教中的第二句，它是顺着"天命之谓性"

而来的。所谓"率性"是指天所命于人之性，使人对于日常事物都可以合乎当然的规范。人只要能遵循天所赋予人的人性，也就能够合乎自然之理，这是人在现实的社会生活中应该选择的道路。

当一个人率性而为的时候，他就会从实质上去理解别人，尊重别人，而不是简单地去按照别人的标准去做一些事情，也不是简单地让别人按照自己认可的标准去做。只有在这种情形下，一个人才会得到真正的快乐。因这一出发点而导致的给他人带来的快乐和他人对我们的认同是自然而来的事情，但那并不是我们的追求。就像太阳照亮了地球，不是因为它想要照亮地球，而是因为它本身在燃烧。

伊笛丝·阿雷德太太在小的时候就开始特别敏感而腼腆，她的身体一直太胖，而她的一张脸看起来比实际还胖得多。伊笛丝有一个非常奇怪的母亲，这位母亲认为把衣服弄得漂亮是一件很愚蠢的事情。她总是对伊笛丝说："宽大的衣服好穿，窄小随身的衣服易破。"而母亲总是以这句话为标准来为伊笛丝置办衣服。所以，伊笛丝从来不和其他的小朋友一起做室外活动，甚至连体育课都不去上。她非常害羞，觉得自己和其他的人都"不一样"，完全不讨人喜欢。

若干年后，伊笛丝嫁给一个比她大好几岁的男人，可是她并没有改变。她丈夫一家人都很好，也充满了自信。伊笛丝很努力地想像他们一样，可是她还是失败了。他们为了使伊笛丝开朗而做的每一件事情，结果都会让她更退缩到她的壳里去。她开始变得紧张不安，躲开了所有的朋友，她甚至怕听到门铃响。伊笛丝知道自己是一个失败者，可是又怕她的丈夫会发现这一点，所以每次他们夫妻出现在公共场合的时候，她都会假装很开心的样子，可是常常做得太过分。事后，伊笛丝会为这个难过好一段时间。最后，她觉得这样活着也没什么意思，于是想到自杀。

后来，只是一句随口说出的话改变了她的命运，使她完全变成了另外一个人。

一天，她的婆婆正在谈她怎么教养她的几个孩子，她说："不管事情怎么样，我总会要求他们保持率性。"

"保持率性！"就是这句话！在那一刻，伊笛丝终于发现自己之所以那么苦恼，就是因为她一直在试着让自己适合于一个并不适合自己的模式。

后来她回忆道："在一夜之间我完全改变了。我开始保持率性。我开始试着研究我自己的个性，自己的优点，尽我的最大努力去学色彩和服饰知识，尽量以适合我的方式去穿衣服。我主动地去交朋友，我参加了一个社团组织——起先是一个很小的社团——他们让我参加活动，把我吓坏了。可是我在台上的每一次发言，都会增加一点勇气。今天我所有的快乐，是我从来没有想到可能得到的。在教养我自己的孩子时，我也总是把我从痛苦的经验中所学到的结果教给他们：不管事情怎么样，总要保持率性。"

《易经》中有这样一句话："安其心而后动，易其心而后语，定其交而后求。"宇宙之大是我们每一个人都知道的，关键是我们是否以宇宙为空间，在自己的支点上站得住。率性而为是一种自守，是以一种宁静的心态去面对纷呈的生活，以一颗平常的心去对待不平常的事情，以安静的心态对待嘈杂的世界，以平和的心境处理世事的复杂。"无欲自然心如水，有营何止事如毛"，在混沌纷扰的世界，保持一份清心寡欲的高洁。

率性而为，并不是自暴自弃，享乐现在，而是充分利用时间，去学习，去提高，去休息，去娱乐，去享受不管是数字、文字，还是音乐、画作，抑或是图像、友情带给我们的各种快乐。

率性而为，也不是放任自己的过失，而是面对过失要勇于面对过去，面对失败，无视那些失败带来的自卑感，以自己最强的自信心迎接未来的挑战。

率性而为，也不是一味地向往美好未来，而是做好迎接未来的一切准备。

率性而为，也不是安于天命，不求上进，而是刻苦用功，不畏困难，对不理解的目光无视，以自己最大的能力奋发向上。

率性而为，更不是肆意妄为，不是懒惰无为，而是向着自己的理想，努力拼搏，对那些挫折、困苦、失败要做到无视，以自己最大的努力向理想前进。

行走的信念

用信念行走，终达成功的彼岸。

有这样一个希腊故事。

同村的鲁尔和克尔威逊，互相打赌看谁走得离家最远，于是同时却不同路地骑着马出发了。鲁尔走了13天之后，心想："我还是停下来吧，因为我已经走了很远了，克尔威逊肯定没有我走得远。"于是，他休息了几天就开始返回家，重新开始了他的农耕生活。而克尔威逊一走就走了七年，村民们都以为这个傻瓜为了一场没有必要的打赌而丢了性命。一天，一群浩浩荡荡的大军向村里开来。当队伍临近时，突然有一人惊喜地叫道："那不是克尔威逊吗？"只见消失了七年的克尔威逊已经成了军中统帅。他下马后，向村里人致意，然后说："鲁尔呢？我要谢谢他，就是因为七年前的打赌让我拥有了今天。"鲁尔羞愧地说:"祝贺你,好伙伴,我至今还是农夫。"

因为打赌而离开村庄,这是一个很偶然的开始。但是克尔威逊却在这种偶然中成就了自己的人生,成为了将军。关键在于他是那种一旦开始就不会结束的人。而鲁尔却只是把这一次当作了"远足",结果走了几天就回来了,所以他一辈子只能在村庄里当农夫。偶然的开始,却因为不停止的信念,而抵达了成功的彼岸。

可以随时开始,但不要轻易结束。我们的人生何尝不是这样呢?

乔治是一个很优秀的人,不管做人做事都无可挑剔。他有一个美好的愿望,就是找到一个美丽的与自己白头到老的妻子。这是他童年读童话时就悄悄埋下的梦想。就是说,他愿意为了一份真爱而付出所有。但是,现实生活中,他却换了很多的女友,身边的人都叫他花花公子。其实,不是这样的。每份感情,他都很认真地投入。但是,每一次,他都失望退出。"为什么找不到我的公主?"他总是这么哀叹着。他不记得这是他第几次跟女友提出分手了,理由是对方做菜不够好。他认为,两个人一起做饭的日子是很温馨的。他希望当他老了的时候可以有这样美好的回忆。大多数女人听到这样的理由,都会掉转头,觉得他是无理取闹。但是,他眼前这个瘦弱的,将要分手的女孩,却平静地说:"给我一个月的时间,我可以学习做菜。"这样的回答无疑出乎他的意料,他一下子愣在那里。"相识是缘分,不能轻易结束。不是吗?"女孩的这句话挽留了他。于是,他们磕磕绊绊地走了下去,终于迈进了婚礼的殿堂。其实,到最后,女孩也没有学会做很好的菜,她不是那种会料理家务的女生。但是,没有一起做饭的温馨回忆,却也有了其他的美好回忆,比如一起打伞回家,一起照顾病重的奶奶,一起坐在海滩看夕阳……当然,在他眼里最美的回忆，就是女孩一次一次地说："不要轻易结束。"

你开始一项新的工作，爱上某个人，进入某个城市等，都是命运给予的偶然。但是，不管是怎样的开始，坚持就是一切。

有个年轻人去微软公司应聘，而微软公司并没有刊登过招聘信息。见总经理疑惑不解，年轻人用不太熟练的英语解释说自己是碰巧路过这里，就贸然进来了。总经理觉得很新鲜，破例让年轻人一试。面试的结果是年轻人表现得十分糟糕。他对总经理说是事先没有准备，总经理以为他不过是找个托词下台阶，就随口应道："等你准备好了再来试吧。"

一个星期之后，年轻人再次走进微软公司的大门，这次他依然没有成功。但比起第一次，他的表现要好很多。而总经理给他的回答仍然同上次一样："等你准备好了再来试。"就这样，这个年轻人先后五次踏进微软公司的大门，最终被公司录用，成为公司的重点培养对象。

没有招聘启事直接毛遂自荐，而且一次没成功而自荐了五次的人。当然，这是一个最后获得了成功的人。他第一次踏进微软的大门，是因为碰巧路过，觉得新鲜，就这样偶然间开启了不一样的人生。不知道你有没有曾经像这个年轻人一样，因为偶然的念头去做某件事，开始某个计划，但是稍遇挫折你就放弃了。对于你而言，那是一次偶然的开始，可以偶然地结束。但是，能把偶然的开始当作必然的命运的人，是可以抵达成功彼岸的。

没有比脚更长的路

"如果远方呼喊我，我就走向远方……"

你有订计划的习惯吗？你规划过自己的人生吗？未来的十年、二十年……或许你会记下每天要做的事情、每周要完成的任务，但是从没有想过太久远的事情。对你来说，那是渺茫而不可知的未来，想也是白想。

你听从命运的安排，走一步算一步，然而就是现在的这种想法造就了你今生"走一步看一步"的命运。是的，梦想的确是遥远的，正因为远才称之为梦想，但是梦想是可以接近的，即便它远在天边，如果你坚持不懈地一步一步走，一定会达到目的地。可是很多时候，太过遥远的目标或梦想总是让我们感到绝望和疲惫，好像永远也到不了似的，这个时候，你就需要把自己的道路分段，给每一段都取上你喜欢的名字，然后满怀快乐与希望，一步一步走下去。当然在走的过程中一定要注意方法，这样才不会半途而废。

郑智斌在1993年进入浙地珠宝有限公司，当时每月工资才可以拿到200多元，每天晚餐只能吃两元一碗的面条或炒饭。但是他坚持每天第一个到公司上班，中午其他员工休息时，他都在默默干活。正是因为这样，他不但学到了过硬的技术，也赢得了公司的信任。1997年，公司推荐郑智斌到萧山一家大型珠宝零售商行工作，年收入在四万元以上。两年后，他又承包了商行的售后服务部，随之收入也增加了一倍多。

但郑智斌在 2002 年毅然辞去了工作。为了创业，他经常每天只睡四五个小时，第一年下来还是亏掉一笔钱。在亲朋好友的帮助下，郑智斌又筹集资金，把珠宝店铺移到黄金地段，还花高价请专业人士对员工进行培训，直到策划品牌营销、广告宣传。郑智斌通过对经营理念和内部管理的不断创新，使事业逐步走上了正轨。从一间店铺开到两间、三间、四间……他的生意越来越红火。

2005 年，郑智斌把珠宝店开到了衢州。2006 年，他被授予了"首届衢州市优秀中国特色社会主义建设者"称号。现如今，他正与外地客商进行合作，以加盟连锁的方式进一步把自己的事业做大做强。

其实，对于很多人来说，他们都有过一个美好的"登天"之梦，但真正把梦实现的，还是那些苦下决心，一步一个脚印的人。

有人也许会这么问，为什么要走向山巅，为什么要走向远方？生活在自己的小天地也很好啊。其实这样的人生选择也很好，只是会错过太多的风景，会留下很多的空白。王安石说："夫夷以近，则游者众；险以远，则至者少。"容易攀登的地方，你易他也易，自是人多。而陡峭艰涩之处，到的人就少得多了。于是那高绝之处的奇伟瑰怪，非常之观也只有极少的人才可以看到。

人生就像一次旅行，也如登山，也如走远路。在人生漫长的征途上，有无数的风景需要你去欣赏、去发现；有无数的山头，等待你的登攀；有太多的道路，等待你的脚步。为了那远在天边，高在山巅的目标，想超越自我把潜伏在内心最深处的潜力、动力、战斗力，全部挖掘出来，加上坚持不懈的勤奋，加上勇于挑战的魄力，再加上必胜的信念，一定会取得成功。到时候，你才能体会到"一览众山小"的喜悦，你才能感受到走遍天涯海角的喜悦和安慰。还记得汪国真的《山高水长》吗？

呼喊是爆发的沉默

沉默是无声的召唤

不是激越

不是宁静

我祈求

只要不是平淡

如果远方呼喊我

我就走向远方

如果大山召唤我

我就走向大山

双脚磨破

干脆再让夕阳涂抹小路

双手划烂

索性就让荆棘变成杜鹃

没有比脚更长的路

没有比人更高的山

做一株寂寞空谷中的百合

即使无人喝彩，也要守住自己的人生。

在喧嚣浮躁的时代生活的我们，更应该学会"坚守底线"，不为丑陋世俗所左右，不为陈芝麻烂谷子之事所纠缠，如莲花出淤泥而不染，如银竹高风亮节，坚守住底线，纵使在漫漫长路一个人走，也不会迷失自我，稳坐磐石。

坚守需要我们遇事顶得住，不要动摇，不要风一来自己就被吹倒了，失去了自己独立的个性和品格，失去了自己的思考。坚持和坚守是长期的，甚至可以是一生的坚持，一生的坚守。

坚守自己心灵阵地的时候，孤独与寂寞是必不可少的；这就需要我们在坚守的时候要耐得住寂寞，忍受得了孤独。很多的时候就是自己一个人在坚持，一个人在坚守，没有人陪伴你，就是孤独和寂寞陪伴自己。我们的坚持和坚守就是在孤独和寂寞煎熬之中度过的，需要一天天地坚持下去，需要时时刻刻地坚守，一点儿都不能放松对自己的要求。

1960 年，美国一个跟踪调查商学院毕业生毕业后状况的组织开始了一项为期长达 20 年的调查，试图找到下面这个问题的答案：理想和财富之间的关系到底是什么？追求理想的人就不容易得到财富的青睐吗？

首先，研究人员对 1500 名商学院学生进行了细致的问卷调查，并根据问卷结果把这些人分为两类，其中倾向于追求财富、为财富而读书的人占大多数（1245 人，83%），倾向于追求理想、为理想而读书的人所占比例较小（255 人，17%）。

20 年过去了，研究人员对当年这 1500 名被调查者进行了回访。结果，研究人员发现，这 1500 名被调查者中竟然有 101 人成为百万富翁，关键就在这里，令人难以相信的是在这 101 人中，竟有 100 人是当年选择追求理想的人。

看了上面的案例，我们可以知道理想主义在这些人中发挥了巨大的作用。学习总是很辛苦的，工作也常常是枯燥的，但深藏于每个人心灵深处的理想主义，会成为精神的源泉，在现实的纷扰中，不但可以泰然处之，而且当面对挫折时，也可以帮助你找到自己，重新出发。

欣赏自己并不是傲视一切的孤芳自赏，也不是唯我独尊的狂妄。欣赏只属于一种醒悟，一种境地，一种面对困难，给予自己信心的源泉，一种推动自己向挫折挑战的动力。

人生自古多磨难。但是，我们只要学会欣赏自己，就会觉得幸福其实是那么平常，它只是小花落在水面上荡起的微微涟漪；而吃苦也并不可怕，它只是波涛拍打礁石而泛起的点点水花。

清代著名作家蒲松龄出生于一个书香世家，受当时社会风气和家庭影响，他从小就热衷于功名，并在 19 岁的时候接连考取县、府、道三个第一，名噪一时，但以后的功名之路却屡次不中，他的命运便飞转直下，一天天地衰败起来。

后来家族败落，蒲松龄变得穷困潦倒，这时候他终于对科举制度的腐朽，封建仕途的黑暗有了深刻的认识和体会。他曾不住地抱怨："仕途黑暗，公道不彰，令人气愤填胸。"正是有对现实生活的切身体验，使他决心写一部反映科举黑暗现实的小说。

为了激励自己完成这部小说，蒲松龄写了一副对联：有志者，事竟成，破釜沉舟，百二秦关终属楚；苦心人，天不负，卧薪尝胆，三千越甲可吞吴。由于他心中的这份坚守，即使在他穷困得揭不开锅的日子里，他也仍然坚持写作《聊斋志异》，初稿在他40岁时完成，以后增删修改多次，到晚年时最终完成了这部传世佳作。

想要被别人欣赏，首先应学会欣赏自己。我们在这个世界都是独一无二的，这个独特的"我"既有优点，也有不足。只有充分地自我接纳，懂得欣赏自己，才能有良好的自我感觉，才能自信地与人交往，出色地发挥自己的才能和潜力。

曼恩是佛得角雷斯伊翰湾的守塔人，他已经在这个偏僻的孤岛上生活了将近40年的时间。在他还是二十多岁的小伙子时，就随他捕鱼的伯父来到了这座孤岛。

曼恩和伯父白天捕鱼，晚上点起篝火，此后，辽阔的大西洋岸边多了一座灯塔。曼恩已记不清楚他和伯父在暴雨的夜里或是在飓风季节里救起过多少人。那些被救起的人有时候路过孤岛，总会给曼恩叔侄俩捎上点什么，但每次他们都拒绝了。叔侄俩在雷斯伊翰湾不知不觉过了20年。现在的雷斯伊翰湾少了一个人，多添了一座坟墓，在曼恩看来，伯父仍陪伴着他。曼恩依旧白天捕鱼，晚上守候在伯父一生中唯一接受的一台风力发电机旁。雷斯伊翰湾的灯塔不再用篝火了。

雷斯伊翰湾10月的时候气候格外异常，他整夜几乎都醒着。他知道，每年的海难事故频发季节已经来临。他的小屋外已是惊涛骇浪，他一遍遍检查，给风力发电机的轴承还加了润滑油。此时的小岛像要摇动起来。他走出小屋，像伯父一样敏锐地眺望大海。海面上黑压压一片，浪头拍打着礁石，发出一声声巨响。突然，他发现远处的海面上有一点亮光，这光亮很微弱。他立刻意识到什么，迅速爬上灯塔，将灯塔里的灯又垫高了很多，并在废弃的火坑里重又点燃了篝火。远处的亮点越来越大，渐渐驶向了曼恩居住的孤岛，等亮点到近处时，曼恩才发现灯火是从一艘挪威籍的货轮上发出的。

天亮了，船长约翰带领船员在雷斯伊翰湾作短暂的停留，并打算给岛上的工作人员送去几吨食品。可当船长走进岛上曼恩的屋子时，才发现曼恩的屋子还抵不上他船上的一个集装箱大。

"我要带你离开这里。"船长对曼恩说。

"为什么？"曼恩问。

"不为什么，我至少能给你每月带来 2500 美元的薪金。"船长继续说。

"十年前，一位像你一样的船长曾答应给我每月 3000 美元的薪金。"曼恩平静地说。

临行的时候，船长紧紧拥抱了曼恩。

守在偏僻的孤岛上，一待就是近 40 年。40 年，一万余个日日夜夜，他坚持了下来，而且工作一丝不苟。守塔人不仅点燃了灯塔上的火炬，而且点燃了自己内心的火把，而他甘于寂寞的精神也是一座灯塔。

第二辑

心中有方向，世界不迷茫

人生就像一次旅行。旅行，总要有所计划，而不是漫无目的去走。再美的风景，都要你亲自去领略，别人无法代替。希望总在路上。人生也是如此，总要主动地去规划，而不是被动地接受。规划好自己的旅程，启程奔往那片希望的原野，希望就在前方。

我们离现实很近，离梦想很远

现实和梦想之间，有一个叫做曲线的距离。

我们知道，数学上两点之间的最短距离是直线，可是我们的生活中到达某一目标的捷径却往往是曲线。为了实现目标需要矢志不渝，但矢志不渝并非是直线行进，头撞到墙上也不回头，而往往需要曲线前进。从这个意义上说，在目标和现实之间画一条曲线是实现理想的艺术。

我们的世界充满太多的变数以及太多的激烈竞争。成功，很多时候取决于你是否走一条正确的奋斗路线，只有这样，才能避免选错目标，朝相反的方向上用劲儿。

从前有个渔夫，是出海打鱼的好手。可是他有一个习惯，就是每次出海的时候都喜欢提前立誓言，即使誓言不切实际，一次次碰壁，也将错就错，死不回头。

这年春天，听说市面上墨鱼的价格最高，于是渔夫便立下誓言：这次出海只捞墨鱼。但是很不巧，这次遇到的全是螃蟹，于是他只能空手而归。上岸后，他才知道，现在市面上螃蟹的价格最高。渔夫后悔不已，发誓下次出海一定只打捞螃蟹。

第二次出海，他把所有的注意力放在了螃蟹上，可这一次遇到的却全是墨鱼。他又只好空手而归。

晚上，渔夫躺在床上，非常后悔。于是，他又发誓：下次出海无论遇到螃蟹，还是墨鱼，他都捕捞。

可是渔夫没有赶上再一次的出海，就在自己的誓言中饥寒交迫地离开了人世。

要知道，我们离现实很近，离目标很远。目标与现实的距离长短，取决于对自己能力的一种认识。就像故事中的渔夫，之所以他会有这样的结局是因为他太喜欢立不切实际的誓言了，而这样的情况在我们的现实生活中是无处不在的。

把目标建立在现实的基础上才有可能得以实现，而在现实中每个人都要在自己的前方树立一个目标，才有所追求，在通向目标的道路上也许会有泥泞和坎坷，必须以顽强的毅力，执着地走下去。只要坚持下去，目标就会离我们越来越近。

"临渊羡鱼，不如退而结网"这句话，揭示了这样的一个道理："理想和愿望固然美好，但成功的实现需要脚踏实地的、坚韧不拔的、实事求是的奋斗精神。"在生命的调色板上，每个人都希望自己是个卓越的画家，能调出姹紫嫣红的色彩；每个人都希望自己在事业上取得成绩，有所建树。各种各样的希望，给人无穷的追求力量。人们在希望中起步，在希望中成功。而愿望的实现，有人希望从天而降，有人则埋头苦干，在希望中奋斗。前者是"羡鱼"，后者是在"结网"。

可是希望在哪里？有人说：希望在明天——明天的快乐，明天的富有，明天的充实……可是有经验的农民不仅希望明天的丰收，更重视今天的耕耘；有作为的青年，不仅希望明天的成功，更重视今天的学习。那些浑浑噩噩生活的人们何曾没有美丽的憧憬，可是他们也许忘了没有今天的耕耘，哪有明天的丰收？等到收获的季节来临了，他们的篮子仍然是空空如也。可见，与其"临渊羡鱼，不如退而结网"是多么的重要。

人生就像一次旅行，我们在旅途中想要过得充实，那就一定需要一个目标，一旦失去了目标，就失去了自己的理想与希望，那人生还谈什么意义，所以确定一个目标对于我们是很重要的。

人生，需要规划的旅程

思想有多大，成就就有多大。

每天，我们都会遇到对自己的人生和周围的世界不满意的人。在这些对自己目前处境不满意的人中，98%的人都对自己心目中喜欢的世界没有一幅清晰的图画。他们没有改善自己生活的目标，无法用一个人生目的去鞭策自己。结果，他们继续生活在一个他们无意改变的世界里面。

曾有一位医生对活到百岁以上老人的共同特点做过很多的研究。他叫听众思考一下这些人长寿的共同因素，大多数人以为这位医生会列举食物、运动、节制烟酒以及其他会影响健康的东西。然而，令听众惊讶的是，医生告诉听众，这些寿星在饮食和运动方面根本没有什么共同特点。这些长寿老人的共同特点是对待未来的态度——他们都有自己的人生目标。

我们每一个人的梦想往往都是建筑在周围环境之上的，所以我们的理想没有什么理由可以不能成真。我们不能给自己的失败留下任何一个存在的空间，不要让自己有备用的梦想。要知道一个未能实现的梦想，就是一个惧怕失败的梦想。

这里说的"野心"，就是我们所谓的"雄心壮志"。一个心志不高的人，对自己的前景没有任何规划的人，是很难有能力创造出奇迹的。

梦想需要细心地滋养，可是在现实生活中，有许多人任凭生活夺走自己的梦想。这个掠夺的化身可能是你的亲戚、你的朋友甚至是你的爱人或者是同事，等等。不要让别人替你做决定，要相信自己，给梦想一个机会，不要让他人毁了你自己的梦想。如果有人打击你，请不要沮丧，你要努力把事情扭转过来。因为成功的道路是不平坦的，你需要详细计划通往成功的路线。

我们不要去试，而是要去做。真正的成功不是天上掉下来的，要成就任何有价值的目标，绝不是简单的事情。你越靠近成功，困难就会越大，而"试"这个字模棱两可，暗示犹豫。而成功中是没有这个字的一席之地的。要记住我们的思想有多大，我们的成就便有多大。

追求一个明确的目标，可以引导我们的生活。订立人生目标是我们自己的事情，这是别人没法代替的。我们如果想要实现自己的梦想，那么就要通过一系列既高标准又现实的目标设定。为了成功并实现自己的梦想，首先，我们要确立长期的人生目标，随后再设立短期目标。一个个的短期目标提供了通往最终目标的途径。短期目标设定者可以用这两个方面来做衡量的标准。其次，停下来问自己，为了达到我的目标，我愿意付出多少代价？最后，要认清自己，知道自己的能力和缺点。

人生就像是在旅行，当你到达了一个目标的时候，就必须再设定一个新的目标。我们一旦达成目标，就朝着别的更大的目标迈进。务必以更坚决的态度面对它。我们千万不能落入空白。设定当前的目标，便为自己提供了通往实现长期计划的阶梯。

每一天都能进步

没有目标的人生，如同一艘丢了舵的船，永远都漂浮不定。

太多人都被生活的重负压在身上，如同一块巨石压身，喘不过气来。是的，我们的生活太沉重了，身心经常会有疲惫之感。但是又不能不为自己的前途静下心来，去寻找出路。也许我们会发出这样的感叹："唉，我的出路在何方呀？我都熬到这样的年龄了，怎么还是没有希望？"要知道，一味地叹息是没有用的，唯有挺着腰杆寻找出路才可能有最大的希望。

很多人觉得人生太迷茫，归根结底主要是没有远大的志向和为之奋斗的明确目标。没有人生的目标，只会停留在原地。没有远大的志向，只会变得慵懒，只能听天由命，叹息茫然。想不让机会就这样溜走，不叫青春就这样逝去，只有靠志向和理想冲出迷茫的旋涡，随之崭新的人生之页将会从此刻掀开。

人生需要立志，古人对"志"的解释，是认为"心之所指曰志"，也就是指人的思想发展趋向。当代汉语对"志向"给出的解释是："未来的理想以及实现这一理想的决心。"理解了"志"的含义后，我们对"立志"的含义就很好理解了。立志，就是立下未来的人生理想。

在我们的一生中，除了年幼无知的童年时期外，其他每个不同的成长发展阶段都与立志有很大的关系。简而言之，青少年求学阶段，尤其是大学阶段，是人生志向的确立时期；中年工作阶段，是人生志向的实现时期；老年休息阶段，是对人生志向的回顾与检查时期。

一个没有目标的人就像一艘没有舵的船，永远漂流不定，只会到达失望、失败和丧气的岸边。成功者一定是那些有目标的人，鲜花和荣誉从来不会降临到那些无头苍蝇一样在人生之旅中四处碰壁的人头上。

人一旦有了目标，就有了热情，有了积极性，有了使命感和成就感。有明确目标的人，会感到自己心里很踏实，生活得很充实，注意力也会神奇地集中起来，不再被许多繁杂的事所干扰，做什么事都显得胸有成竹。

有很多的人都期待走上社会经济的舞台，并成长为影响一方的主角。可是你对自己现在的工作、生活、学习状况感到满意吗？你有没有更大的追求、目标与梦想呢？你是不是觉得信心也有，可是就是感觉没集中性的时间给自己充电学习，有时候因为这个而心生焦躁？为了不打击自己的信心，那就试试"每天进步一点点"的理念吧。

每天进步一点点，虽然没有冲天的气魄，也没有什么诱惑力，更没有展示决心的气势，但细细琢磨一下：每天，进步，一点点，那简直是在默默地创造一个料想不到的奇迹，在不动声色中酝酿一个真实感人的神话。

一个不成功的人在很多时候不是因为他少了什么东西，而是多出来一些东西。多了某些影响他成功的不良习惯。譬如，恐惧、懒惰、没耐性……播种一种习惯，将收获一份成功，要知道任何的成功都是一种量的积累。不积跬步，无以至千里。成功是量变到质变的过程。

不羡慕别人的富足，也不抱怨自己暂时的不成功。向自己挑战！每天进步一点点，只要今天的我比昨天的我有所进步，就是小小的成功。不论是学习实践知识，还是书本知识，还是谋生的手段、生存的技能，适应社会、家庭、工作及生活发展的各项本领。每天走路比昨天精神一点点；每天笑容比昨天多一点点；每天行动比昨天多一点点；每天方法比昨天多想一点点……

一个人，如果每天都能进步一点点，哪怕是1%的进步，试想，有什么能阻挡得了他最终达到成功？

有这样一首童谣：失了一颗铁钉，丢了一只马蹄铁；丢了一只马蹄铁，折了一匹战马；折了一匹战马，损了一位将军；损了一位将军，输了一场战争；输了一场战争，亡了一个国家。一个国家的灭亡，一开始居然是因为一颗小小的铁钉松掉了。这就是所谓的小洞不补，大洞吃苦。每次一点点的变化，最终会酿成一场灾难。每次一点点的放大，最终会带来一场"翻天覆地"的变化。

每天进步一点点，它具有无穷的威力。只是需要我们有足够的耐力。因为成功就是简单的事情得重复着去做。每天进步一点点是简单的，之所以有人不成功，不是因为这个人做不到，而是他不愿意做这些简单而重复的事情。因为越简单、越容易的事情，人们也越容易因忽视而不去做它。

适合比成功更重要

适合自己的，就是最好的。

人们的兴趣表现为对某件事、某项活动的选择性态度和积极的情绪反应。当兴趣直接指向与职业有关的活动的时候，就称之为职业兴趣。职业兴趣在人的职业活动中起着非常重要的作用，主要表现为影响人的职业定向和职业选择、开发人的能力、激发人的探索与创造、增强人的职业适应性和稳定性。一个人如果所从事的工作与其职业兴趣相吻合的话，就可以发挥其全部才能的 80%~90%，并能长时间地保持高效率的工作而不会疲劳；相反，却只能发挥全部才能的 20%~30%，还容易感到厌倦和疲劳。由此看来，职业兴趣影响人在相应职业中的工作绩效。

坐在姐姐的果园里，牛顿听到熟悉的声音，"咚"的一声，一只苹果落到草地上。他急忙转头观察第二只苹果落地。第二只苹果从外伸的树枝上落下，在地上反弹了一下，静静地躺在草地上。这只苹果肯定不是牛顿见到的第一只落地的苹果，当然第二只和第一只没有什么差别。苹果落地虽没有给牛顿提供答案，但却激发了这位年轻的科学家思考一个新问题：苹果会落地，而月球却不会掉落到地球上，苹果和月亮之间存在什么不同呢？

第二天早晨，天气晴朗，牛顿看见小外甥正在玩小球。他手上拴着一条皮筋，皮筋的另一端系着小球。他先慢慢地摇摆小球，然后越来越快，最后小球就径直抛出。

牛顿猛地意识到月球和小球的运动极为相像。两种力量作用于小球，这两种力量是向外的推动力和皮筋的拉力。同样，也有两种力量作用于月球，即月球运行的推动力和重力的拉力。正是在重力作用下，苹果才会落地。

牛顿首次认为，重力不仅仅是行星和恒星之间的作用力，有可能是普遍存在的吸引力。他深信炼金术，认为物质之间相互吸引，这使他断言，相互吸引力不但适用于硕大的天体之间，而且适用于各种体积的物体之间。苹果落地、雨滴降落和行星沿着轨道围绕太阳运行都是重力作用的结果。

人们普遍认为，适用于地球的自然定律与太空中的定律大相径庭。牛顿的万有引力定律沉重打击了这一观点，它告诉人们，支配自然和宇宙的法则是很简单的。

正是这个对吸引力的浓厚兴趣使得牛顿推动了引力定律的发展，指出万有引力不仅仅是星体的特征，也是所有物体的特征。作为所有最重要的科学定律之一，万有引力定律及其数学公式已成为整个物理学的基石。

良好而稳定的兴趣使人在从事各种实践活动的时候，具有高度的自觉性和积极性。个人根据稳定的兴趣选择某种职业，兴趣就会变成个人积极性，促使一个人在职业生活中做出成就；相反，如果你对所从事的职业不感兴趣，就会影响你积极性的发挥，难以从职业生活中得到心理上的满足，不利于工作上的成就。

此外，需要是影响职业选择的重要且不易觉察的内在因素，动机是在需要的支配下受到外在刺激影响而形成的综合性动力因素，从而影响职业选择。兴趣是在需要基础上受到动机的影响，从而对职业选择产生一定影响的、变化的、较为外在的因素。

当然，这其中也会有相对持久性的兴趣同时作为外延因素对动机的变化、发展产生一定作用。例如，一个人缺乏物质生活保障，便会有生理、安全需要，从而产生去工作、劳动，获取报酬，换取物质条件，满足自己的需要，因而会对所有能挣钱"糊口"，维持生存的工作感兴趣。当认为某一项工作能挣大钱，报酬高时，会强化自己克服种种困难从事该项工作的动机。但若觉察或发现该项工作有生命危险时，便会减低或放弃这种兴趣，减弱想从事该项工作的动机。

带着信念去远方

有信念，才可以到达你想要去的地方。

人不能没有信念，正如人不能没有希望一样。有了信念，再难的障碍都能克服，再远的路也能到达。而一个没有信念的人，只会浑浑噩噩地度过每一天。所以说，信念可以让人一直前进。

这个竞争激烈的社会，树立一个远大目标的意义并不在于它能不能实现，主要在于它能否调动人心中的渴望，能否激发人的积极心理和坚定的信念。所以，不要在意结果的好坏、目标是否太高，而是应该以坚定的信念去实现自己的目标。俗话说得好，足够的难度才能激发出更大的潜力，当我们被一个目标吸引，能为之不懈努力、全力以赴时，我们就是在接近成功。

当我们登高远眺的时候，我们会为远方的景色吸引；当我们站得更高的时候，也能看得更远。所以，我们可以为自己设置一个高远的信念。古语说，望乎其中，得乎其下；望乎其上，得乎其中。就是说，一个人做事，如果期望达到中等水平，所得的结果只可能是下等；如果将目标定在上等水平上，就可能取得中等水平。我们的目标决定了我们可以走多远，对目标的信念也决定着我们能否走得更远。

对于一种人来说，如果他的目标只是在为了工资而工作，那么他只能得到一点微薄的收入；如果他在工作时心中装着公司的发展，也期盼自己未来的前景，那他得到的将不仅是一份工资，还将会有领导和同事的尊重与信任，同时也可以更好地实现自身的价值。因此，把目标定位在挣更多钱上，人就会在这种信念的驱使下努力工作，并可能挣一笔数目不菲的钱财；把目标定位于一项有意义的事业上，就会带着这种信念让自己在财富、威望、名誉和对他人的贡献中获得快乐。

请相信：没有大的目标，坚定的信念，一个人注定不能走得更远。

有一个渔翁在河边钓鱼，他的运气不错，只见银光一闪，一会儿就钓上来一条。但令人不解的是，每次钓到大鱼，渔翁就会把它们放回到水中，只有小鱼才放到鱼篓里。

在旁边观看他垂钓的人终于忍不住发问："你为什么要放掉大鱼，而留下小鱼呢？"

渔翁回答说："我也是出于无奈啊。我只有一个小锅，怎么能煮得下大鱼呢？"

我们都觉得故事中的渔翁很傻，也没有人愿意像故事里的渔翁一样，但扪心自问，我们有一个属于自己的大锅吗？我们对自己有更加坚定的信念吗？每个人都有过雄心壮志的时候，但当经历了一番风雨后，慢慢地就会在心中放下这些东西。其实，这是生活在考验我们的信念。当我们的能力、学识暂时没办法帮我们实现自己的终极梦想时，我们需要更坚定地走下去。要知道，目标是一回事，信念是一回事，最后的结果还是另一回事。"谋事在人，成事在天"，如果你能把目标定得高远一些，即使全力以赴到最后仍然实现不了，但你最终所能实现的目标或者最终所能到达的高度却很可能是其他人望尘莫及的。

坚定的信念总能造就出一个个优秀的人物，制造一个个的奇迹。贝多芬是音乐史上最伟大的音乐家之一。然而，他却在身体上经受着巨大的折磨——双耳失聪。但他正是靠自己的信念，毅然坚持创作，怀着远大的理想，以信念为自己的双耳，支撑着自己，没有倒下，终创造出不朽的第九交响曲《命运》。

只有坚定自己的信念，实现了自己的人生目标，才不会在人生中迷失路途。在到达目标的过程中，需要自己的努力，需要行动。一切的空想都不能改变现状，更不用说实现目标了。如果信念是内心的希望，行动就是实现希望的唯一方式。有了行动，才能处理好眼前的问题，才能把握好未来的事情，并给自己带来意想不到的收获。

信念很重要，执行自己的信念更重要。只有在行动的过程中，才会知道自己与目标的距离究竟有多远，我们要如何从现实着手与起步。学会给自己制订一个确实的计划，根据计划从现实出发以达到最后的目的。高远的目标，美好的信念并不能让我们一下子到达成功。我们需要切实的行动，用自己的双脚去努力。所有的信念都要求我们立足当前，展望未来，并彻底处理好眼前问题，为心中的目标而努力奋斗。

行动是迈向成功最重要的一步，也可以体现出行动者的信念和他们的毅力。所有的信念都需要靠双脚去实现，所有的计划也需要用行动来实现。俗话说得好，计划就是成功的一半，好的开始就是成功的一半。实质上并不是如此。好的开始，还需要用行动坚持下来才能收获完美的结果。

当你对一个目标只有信念，没有行动的时候，你的目标只是一个空中楼阁，你的所有努力就像是在凌空舞蹈。有行动，我们才能去解决存在的问题。以积极的态度行动起来，美好的信念才能让我们更接近成功。

人生就像一次旅行，如果我们把信念比作是成功彼岸的灯塔，那么行动就是驶向信念目标的航船。有了它，我们可以在人生的大海上劈风斩浪，一往无前。

人生就像一次旅行，如果我们把信念比作是远方的无限风光，那么行动就是通向美景的小径。有了它，我们可以在人生的高山上披荆斩棘，永不放弃。

不要让欲望占据你的快乐

世上有很多东西需要人们不断地追逐，我们有太多想要得到的东西。我们的欲望有多大，心就有多大，久而久之欲望就会占据我们的心灵，成为无法填补的黑洞，快乐随之就会被掩埋。

我们曾面对纷繁复杂的世界，马不停蹄地在拼搏、在奋斗。过多的欲望蒙住了我们的双眼，荒芜了我们的心灵，泯灭了我们的良知，枯竭了我们的心湖，太多的欲望占据了我们的快乐。作家张小娴说：“大多数的失望是因为我们高估了自己。”

人类有太多的欲望，一旦不能及，便成了失望，也就变得不快乐。一个人最快乐的时候，是他干渴难耐时，突然有一碗清凉的水放在他面前；一个人最痛苦的时候，是当他终于名利双收的时候，却只剩下他自己孤零零一人。给心灵做一个减法吧，减去我们心中过多的欲望，简单地生活，让自己的心灵淡泊宁静。

人生如酿酒一样，“减”去那些无味的水，量虽少了，味道反而醇厚了。例如，农民在播种的时候，想得大果实、好果实，必须要用“减”法，就是玉米苗一尺来宽留一棵，其余的锄掉。这样，到了秋天才会有好的收获。

对于人生，这样的减法哲学同样适用，就是减轻烦恼、减去疲惫，减去心灵上的沉重负担，减去一些奢侈的欲望，减去没有多大价值的身外之物。

我们应该宁愿不要车子、票子、房子，而要一份平安，平安是福；不要灯红酒绿、轻歌曼舞，只要一份恩爱。减少了一次奢靡淫逸，就增加了一份灵魂的纯净与人生的宁静；减少了一次诽谤忌妒，就增加了一份人际的空间；减少了一次应酬周旋，就增加了一份家人的亲情与生活的从容。

人的欲望永远也无法得到满足，而机会又稍纵即逝；贪欲不仅让人无法得到更多，甚至可能会失去更多。

从前有一个贪心的地主去拜访一位部落首领，想要块领地。首领说："你从这向西走，做一个标记，只要你能在太阳落山之前走回来，从这儿到那个标记之间的地就都是你的了。"太阳落山了，地主还是没有回来，因为他走得太远，他累死在路上了。

有位女士，买手机总是会买时下最时尚的。没过几个月，市场上就出现了更流行的款式。她就把现在的手机拿到二手市场卖掉再买新的。对时尚的追求令她欲罢不能，几年里换了很多手机。最后她无意中发现：不断地换手机使她损失了上万元，而她现在用的手机仍不是最新的款式。

有位男士在结婚前买了一套新房，房子面积八十多平方米，装修也很简单，没花多少钱。根据他的收入，这样的面积和装修是非常合理的。如果贪图奢侈，买一百多平方米的房子并做豪华装修，那对于他现在的状况将会面临有节制地消费，有计划地还房款，生活将不再从容。这位男士住进新房后感到十分满足，他不会羡慕别人面积更大装修更漂亮的房子，更不会羡慕有钱人的豪华别墅，因为那样会使他一辈子都不快乐。

人生就像一次旅行，人生的路途是一段段不同的风景，常常需要我们调整自己与现实磨合。在跌宕起伏的历程中，只有善于做减法，才能使我们平稳向前。贪多又求完美的心态，不但使很多人难承重压，更背离了和谐的人生状态。

　　有一名旅者，来到一片没有路、没有草，甚至连一株蒺藜都没有的大漠，在广阔灰暗的天空下，他看到排成一队的一群人，从远处走来，向远处走去。这一队的人都是驼背，因为他们每个人的背上都背着一个巨大的怪兽。怪兽十分丑陋而狰狞，有力而有弹性的肌肉紧紧地贴着人，并用巨大的前爪抠住背负者的胸膛，以便它的大脑袋能紧压在人的额头上。旅者问这些人，这样匆忙是要去什么地方。令人奇怪的是所有的人都茫然不知。但是很明显，他们是要去什么地方，是被一种强烈而不可控制的欲望驱使着，推动着他们不断地行走。

　　最奇怪的是，这一队人中没有一个人对压在自己身上的怪兽感到愤怒。相反，他们似乎觉得这怪兽就是自己的一部分。他们的表情疲惫而严肃，没有绝望，但却是一副无可奈何的神情，注定要永远地走下去的神情。他们就这样不停地向前走着，脚陷在沙中，很快，风沙就淹没了他们的足迹。

　　现实中，我们每个人又何尝不是经常背负着怪兽而又不自知呢。

　　我们的欲望如此之多，一生中难免会有几次有意或者无意地背负上怪兽。有时发现了怪兽的存在，将它狠狠地摔在地上，可不知不觉间或许又背上另外一只或者更多的怪兽，就这样周而复始。

　　其实重点在于不让怪兽的爪子将我们紧紧地抓住。当我们沉迷某些东西的时候，我们应该问问自己是不是已经开始背负上了怪兽，我们应该停下来想一想，我们到底是在为自己前行，还是为怪兽前行。

　　在人生的行进过程中，请在怪兽抓牢你之前，发现它，识别它并采取措施，只有这样，我们才能轻松前行。

人生感悟人生几何，也长也短。因为短，我们要学会减法生活，倍加珍惜，用心对待。因为长，我们要学会化繁为简，减去不必要的负担与欲望，轻装上阵。只有这样，才能拥有更加丰富、充实、有趣且令人满足的生活。

寻找那片原野

垃圾是放错了地方的宝贝，人也一样。

鸟儿翱翔在天空，天空是它们的位置；猛兽出没于山林，山林是它们的位置；骏马奔驰在原野，原野是它们的位置；鱼儿潜游在清溪，清溪是它们的位置。你有你的最佳位置，我有我的最好位置，我们各有自己的位置。

如果一直向下看的话，那么就会觉得一直在上面；如果一直向上看的话，那么就会觉得一直在下面；如果一直觉得在前面，那么肯定是一直向后看；如果一直觉得在后面，那么肯定是一直向前看。目光决定不了位置，但位置却永远因为目光而存在。

拥有了位置也要有相符的能力。珠穆朗玛峰在攀登者心中的形象并不是因为它的位置，而是因为它的高度；一块石头在金子的位置上仍然还是石头，同时还会让人更瞧不起那块石头。只要是金子，放在哪里，哪里就是金子的位置，如果是石头，那么最多也只能放在石头的位置上。卓越的人，总是位置选择他；平庸的人，才东张西望地选择位置。

安于其位，尽其职责。倘若在演员的位置上，我们就要学会表演；倘若在观众的位置上，就要学会欣赏。社会是个大舞台，而我们往往分不清我们到底是演员还是观众。

人到中年时，王晓下岗了，为了生计，不得不四处奔波。

看着周围的人，炒股、做生意、开出租，个个都能赚钱，王晓也就动了这方面的心思——那就去开出租吧。但是，到目前为止他连汽车都没摸过，更别说驾驶证了。

后来通过托亲戚，找朋友，王晓终于在一家酒店上班了。虽然工作不是很累，但总觉得没什么前途，没什么意思。后来辞职回家，王晓开始调整自己的思路，自己以前不是在报刊上发表了不少文章吗？为什么不把它们复印下来，装订成册呢？也许靠这些资本，可以找一个不错的工作。

在省城，王晓几乎跑遍了所有招聘会，专门找一些需要文字工作的岗位应聘，结果单薄的大专文凭和已不再年轻的年龄让王晓失望到极点。那些日子里，王晓每天做的事，就是买报纸看招聘广告，赶场——应聘——投放简历，然后在一些含糊的答复中等待招聘单位的消息。

一天，王晓终于等到了一家文化单位面试的电话通知。那一刻，王晓的心里五味杂陈，什么滋味都有。王晓精心准备了面试可能要回答的问题，直到凌晨三点才进入梦乡。

天道酬勤，功夫不负有心人，王晓十几年的工作经验，还有那些剪辑的文章帮了王晓的忙。这次没有太多的波折，王晓从二十余名应聘者中脱颖而出，成了一名内刊编辑。按招聘单位负责人的话来说，他们想找的是一名能马上可以投入工作进入角色的编辑，而不是华丽的文凭外衣。

经过几年的奔波，王晓终于找到了最适合自己的位置。一年来，王晓一边工作，一边努力学习编辑的业务技能和刊物的行业知识，负责编辑的文章没有出现过一次差错，有一篇还获得了省期刊年度好编辑奖。闲暇时间，王晓撰写了一些文章投给全国各地的报纸杂志，发表各类文章三百余篇。

每个人在奋力向上爬的时候，并不会想到高处不胜寒。但是，当身处高处的时候，行动会处处受到限制，虽然有居高临下的优越感，却失去了简单的快乐和珍贵的自由。身处低处的时候，虽然看不到秀丽的风光，但却有潇洒和自由伴随，也是人生的一大乐趣。

生活中，能够摆正自己的位置很难，能够调整好自己的心态走好自己的路也是很难。不是每个人都可以成为伟人，也不是每个人都注定一生碌碌无为。只要我们安心于自己的位置，那么周围的一切就会以我们为中心；如果我们惶惶不可终日，始终感到没有一个合适的位置，那么周围的一切就会变成我们的主人，我们得跑前跑后地去伺候着，我们得忽左忽右地奉承着，我们得上蹿下跳地迎合着，我们得内揣外度地恭维着。

处在什么位置上，就得在什么位置上寻找意义；位置的意义要靠有意义的人去挖掘，去深化。其实位置本身并没有好坏，有好坏之分的是我们的心境和感觉。人生的位置如同在影剧院观看演出，不同的位置向着同一个方向排列着，一批人来了，一批人走了，又有一批人来了。台上，一直在演出着不同的故事和风景。

人生就像一次旅行，只有改变环境，找准自己的位置，才会运筹帷幄，才会有决胜千里之外的张良，才会有连百万之兵，战必胜，攻必取的韩信，才会有千千万万颗夺目的明星。人生舞台中，莫把自己放错位，找准绽放美丽的舞台。

每一次尝试都有新的风景

在困难面前，要有勇气尝试新的人生。

迈出成功的第一步就是要勇敢地尝试，我们都有能力实现自己的理想，我们都生活在希望之中，如果旧的希望实现了，或破灭了，就应该让新希望的烈火熊熊燃起。如果一个人只是得过且过地混日子，对未来没什么希望，只能说明他的生命实际上已经终止了。人生就像一次旅行，我们在前进中要学会尝试，不能退缩，不去尝试新的领域怎能知道你不行呢？

努力试着冲破各种束缚和条条框框，学会利用现有资源把事情做成，尝试新的方法，而不是消极等待，好高骛远。要知道，我们的每一步都连接着不可知的未来，要尝试新的人生，就要充分利用现在的条件不断突破。

灯泡的发明者爱迪生为了找到一种合适的材料作灯丝，竟不屈不挠地进行了8000多次尝试。实验初期，他找了1600种耐热材料，反复试验了近2000次，结果发现只有白金较为合适，但是白金价格昂贵，对于大众根本不适用，这就是说实验失败了。面对这样的失败，他没有放弃，而是继续尝试着从植物中发掘理想的灯丝材料，先后又尝试了6000多种植物。通过不断地失败、不断地尝试，爱迪生最终获得了巨大的成功，给人类带来了"光明"。

"一次尝试，就有一次收获"，这句话正道出了爱迪生成功的秘诀。研制出雷管的诺贝尔、发现了雷电规律的罗蒙诺索夫、第一次架飞机飞上了天空的莱特兄弟……他们所取得的一个个震惊世界的成就，又有哪一个不是尝试之花结出的硕果呢？在崇拜伟人的同时，我们是不是更应该崇拜造就伟大人物的勇于尝试的精神呢？

在烈日炎炎的中午，一群饥渴的鳄鱼陷身于水源快要断绝的池塘中。面对这种情形，只有一只小鳄鱼起身离开了池塘，它尝试着去寻找新的生存绿洲。塘中之水愈来愈少，最强大的鳄鱼开始不断地吞食身边的同类，那些苟且幸存的鳄鱼看来是难逃被吞食的命运，可是即便这种情况也没有鳄鱼离开。没过几天，池塘已经完全干涸了，唯一的大鳄鱼也耐不住饥渴而死去了。然而，那只勇敢的小鳄鱼呢，它经过多天的艰难跋涉，幸运地在干旱的大地上，找到了一处水草丰美的绿洲。

人生就像一次旅行，需要我们有好的心态和态度来面对所经历的。假如石头砸了你的脚，你也许会觉得真倒霉。假如换个思路想呢，我真幸运，幸亏不是砸到我的头。我们的幸福快乐不仅需要努力来创造，还有你对生活的态度，你的心态能决定你的成败。

人活在世上，应该有与命运较量的勇气，有创造事业的雄心，不要怨天尤人。调整一下自己的心态，如果你被生活压得喘不过气来，不喜欢缺乏信心的窝囊样子，不妨换个角度调整一下，找回自己的自信心。

我们都曾拥有过远大的梦想，但是，因为缺乏立即行动的能力，梦想变得萎缩，最终变得渺茫，甚至消亡。与其在黑暗中为自己逝去的梦想期期艾艾，不如打开一道缺口，与梦想遥遥相望，逐步缩短距离。只要你付诸行动，敢于尝试新的生活，总有一天，你会看到生活的奇迹。人生就像一次旅行，要勇于尝试，才会看到更加美好的风景。

第三辑

做悬崖上的花，览绝处风景

寻找最美的风景，不用东奔西走，不用四处奔跑，只要你用心去发现，虽喧闹，却是繁华的美；虽宁静，却是淡雅的美。生活处处是美景，即使前方荆棘丛生，险峰林立。最美的风景不在别处，就在身边，但不是随处可见，有时，需要你转个弯。

最远的路，最快的方法

最快通过的路未必是最短的，只有寻找捷径，寻找方法，才能让最长的路变为最短的，路的长短区别并不是在于路的本身长度，而是当我们踏上这条路时的心境，如果我们想快速地走完它，那么，我们就要想办法让它变短，如果我们不寻找机遇，不寻找捷径，不寻找方法，那么，路一直在远方。

人生就像一场旅行，我们要时刻告诫自己，最短的旅程并不是最快的旅程，有时，越长的旅程反而能让我们更快地飞翔。

一位职员匆匆忙忙去上班，这一天，他有一个非常重要的会议，是关于他个人提升的事宜，可是偏偏今天早上起晚了，如果今天迟到，他的提升肯定完了。

所以，他一定不要迟到，最糟糕的是，他现在只有30分钟的时间，一般情况下，坐公交的话，要坐一个小时。他只有去打出租车，希望能赶得及参加会议。

终于他截到了一辆出租车，匆匆忙忙上车后，他便对司机说："师傅，麻烦您，我很赶时间，拜托你走最短的路！"

司机问道："先生，是走最短的路，还是走最快的路？"

小职员好奇地问："最短的路不就是最快的吗？"

"那可不一定，现在是繁忙时间，最短的路都会交通挤塞。你要是赶时间的话便得绕道走，虽然多走一点路，却是最快的方法。"

小职员最后还是选择走了最快的路。

途中他看见不远处有一条街道堵车非常严重，司机解释说那条正是最短的路。司机所言没差，多走一点路果然畅通无阻，虽然路程较远，多花了点费用，却很快到达了目的地。

我们的人生何尝不是这样呢，最短的路未必是最快的。所以，两点之间，不一定直线最短，要考虑好各种因素再做出选择。

你想进一家大型外企工作，可是你没有很高的学历，也没有相关的经验，也没有特别的技术。与其想方设法进去工作，还不如退一步，换一种方法：你可以选择一个相关的行业，踏踏实实待几年，做出成绩来。然后带着经验和策划再进去，身价自然就不一般。如果你特别喜欢一个女孩，但是被拒绝了，与其穷追不舍，倒不如选择迂回招数，先弄明白自己到底差在哪里。如果硬件不好，就努力不断提升自己的能力和魅力，以最好的形象站在她面前；如果不够温柔，就从小事做起去关心她、保护她；如果是没有感觉，就从朋友做起慢慢培养感情。与其一定要一个答案，倒不如给自己时间去争取。

乔杰从小就是班里的学习尖子，在这个小县城里算是风云人物。不论是老师还是同学都认为他会考上清华北大。可是，高考的时候，他比第一志愿北大差了三分。他并没有因此而难过，他选择了复读。在这个县城，复读是很正常的事情。对于他们来说，高中本来就是四年。可是遗憾的是，再次高考，他却只过了重点线。很多人都不明白为什么，只有他自己清楚，他是被压力搞垮了。毕竟是天之骄子，逆境中并不适合他的生存。只有他自己知道，复读的这一年他经常失眠、做噩梦。最终乔杰拒绝了再次复读的忠告，而去了一所偏远的农林学校。四年后，他成功地考取了北大生物系的研究生。

如果当初乔杰考上北大，也会是像现在这样读研。他在命运面前绕了个弯。这四年让他更加懂得命运的真谛，学会了感恩，学会了坚持，学会了如何在挫折中爬起。

一只黑蜘蛛在小莉的后院两檐之间结了一张很大的网。小莉想难道蜘蛛会飞不成？要不，从这个檐头到那个檐头，中间有一丈余宽，第一根线是如何拉过去的？后来，小莉终于发现蜘蛛走了许多弯路——从一个檐头起，打结，顺墙而下，一步一步向前爬，小心翼翼，翘起尾部，不让丝沾到地面的沙石或别的物体上，走过空地，再爬上对面的檐头，高度差不多了，再把丝收紧，如此反复。

蜘蛛的结网过程是一种智慧。人生就像一次旅行，把你的目光放远一点，去找最快的方法，最有效的途径，而不能被表面的长短所迷惑。

飞跃逆境

俗话说得好，逆水行舟，不进则退。逆境对于我们来说犹如一把双刃剑，我强它便弱，我弱它则强。

人生就像一次旅行，并不是所有的旅途中都会顺风顺水，我们时刻会遭遇逆境、困难、障碍、挫折等。这些都是无法回避的，我们能做的就是勇于面对。卓越的人一大优点是，在不利和艰难的遭遇里百折不挠。

人生的旅途上，成为强者和沦为弱者的分别在于——是否能够聪明应对逆境。有些逆境好像十字路口的红灯，警告你不要一意孤行，这时你需要另找一条适合自己的路。还有一些逆境其实只存在于你自己的心中，你需要大胆地打破自己为自己设置的心理牢笼。一个人不管遭遇怎样的逆境和厄运，一定不能绝望、轻易"淹没"自己的理想，要知道在这个世界上，没有绝望的处境，只有对处境绝望的人。"世上无难事，只怕有心人"。

有位心理学家曾经做了这样一个实验：把一只小白鼠放到一个装满水的水池中央，水池虽然很大，但仍在白鼠游泳能力可及的范围之内。当小白鼠落水后，它并没有马上游动，而是转着圈子发出"吱吱"的叫声。它是在测定方向，因为鼠须就是一个方位探测器。当它的叫声传到水池边沿，声波又反射回去，被鼠须探测到。小白鼠就是凭借着这个方法判断出自己的位置及离水池边沿的距离，然后不慌不忙地朝着一个选定的方向游去，于是很快就游到了岸边。几次试验都是如此。

这个试验之后，心理学家又把另一只小白鼠放到水池中央，只是这次把这只小白鼠的鼠须剪掉。小白鼠落水后，同样在水中转着圈子发出"吱吱"的叫声，但是由于自己的"探测器"已不存在，它探测不到反射回来的声波……没过几分钟，筋疲力尽的小白鼠溺死在水里。

关于第二只小白鼠的死亡原因，心理学家这样解释：小白鼠无法测定方位，自认为无论如何是游不出去的，于是就停止了一切努力。心理学家最后得出这样的结论：在生命彻底无望的前提下，动物往往会强行结束自己的生命，这叫"意念自杀"。

逆境无法回避，这些都是我们人生的一部分，我们能做的只有面对。在逆境中，我们要认识自己，更要反思自己。例如可以分析造成目前状况与自己的关系，重新审视自己的能力与处理问题的方法，调整自己看问题的角度，等等。当明确了问题之后，接下来就看你怎么处理了。

逆境可以锻炼自己的应变能力和思变能力。一般在逆境中人们的抵抗力会表现得很弱，容易看不清问题，或者看问题不全面，随之会做出不合理的决策等。所以在这种情况出现的时候，我们要强迫自己规避这些状况的出现，积极应对，不断改变自己的策略，尝试不同的方法，强制自己用不同的方式来应对，尽快调整自己，让自己能够主动地应对变化。

逆境是人生的财富，弥足珍贵。我们都渴望自己的生活和工作可以平步青云，一帆风顺。可是现实往往会事与愿违，不像我们期望的那样。正确面对是我们唯一面对和经历这段时期的方法，记得有位智者曾经说过，磨难是一个人最大的财富。我们好好珍藏这些记忆，努力付出，度过艰难的心路历程，过后就会发现原来这样的过程如此美妙，会给自己带来这么多的收获。

随时清扫你的人生

及时淘汰不必要的东西。

人应该定期给自己清零，锻炼自己的能力，人的一生不可能一帆风顺，想做一个成功的人必须具备良好的心理素质，才能承受一切，才能领悟到什么是起，什么是落！在起落中感受到人生的真谛！

一个人活在这个世界上尽量要让自己活得真实些，活得自然些，不要怕失去身边的东西，有些东西不要怕失去，当人回到原始状态时，才能找到真实的自我，才能感受到生活的美好与自然！

哈佛大学的校长讲了一段自己的亲身经历。

有一年他向学校请了三个月的假，然后告诉自己的家人："不要问我去了哪里，我每星期都会给家里打个电话，报个平安。"

然后这位校长就去了美国南部的农村，在农场干活，去饭店刷盘子。在农场做工的时候，背着老板抽支烟，或者和自己的工友偷偷地说几句话，都感到很高兴。

最后他在一家餐厅，找了一个刷盘子的工作，只工作了四个小时，老板就给他结了账，对他说："老头，你刷盘子太慢了，你被解雇了。"

这位校长回到哈佛后，感到换了另外一个天地：原来在这个位置上是一种象征、是一种荣誉，而这三个月的生活，让他改变了自己对人生的看法，让自己复了一次位，清了一次零。

记得过年前大扫除的经验吧。当你一箱又一箱地打包东西的时候，是不是会惊讶自己在过去很短的时间内，竟然累积了那么多的东西？你会不会有些懊恼自己为何不定期整理这些东西，否则，今天就不会累得连腰都直不起来？

大扫除的经验告诉我们：人一定要随时清扫，及时淘汰不必要的东西，日后才不会变得不堪负重。

人生就像一次旅行，在人生路上，每个人都是在不断地积累东西。这些东西包括你的名誉、地位、人际、亲情、健康、财富、知识等，当然也包括了忧虑、烦恼、压力、挫折、沮丧等。这些东西，有的早该丢弃而未丢弃，有的则是早应储存而未储存。

不妨问自己这样一个问题：我是不是每天忙忙碌碌，把自己弄得疲累不堪，以至于总是没能好好静下来，替自己做"清扫"？

心灵扫除就好像是生意人的"盘点库存"。你要了解仓库里还有什么，一些货物如果不能限期销售出去，最后很可能会因积压过久而拖垮你的生意。

心灵的定期"清零"，有时候比储存更重要。生活的竞技场上，我们每个人都是赛手，赛出的结果各不相同。抛开环境、机遇等因素不说，根源就是精力分配不同。人的精力是一个常数，有所不为才能有所为，不会清零也就不会记住。可是我们的生活需要记忆，记住经验，记住关怀，记住友情，记住爱情……但同时我们的生活也需要清零，整理人生的坎坷，扫除生活的烦恼。将成功的辉煌归零，永远保持前进的姿态，将个人的恩怨清除，永远保持一颗平和与善良的心。

随手关上身后的门，这是前英国首相劳合·乔治一个令人非常不解的习惯。即便到朋友家做客也是如此。他的理由是：关上身后的门，就是与过去告别，不管是辉煌的成就还是令人懊恼的失败，都抛诸脑后，然后一切重新开始。

人生就像一次旅行，一路走过，我们风尘仆仆，满身疲倦，不如关上身后的门，卸下那曾经的一切，给自己清零，然后再踏上新的征程，轻装上阵，不惧风雨，从容面对。

心随路转

> 路已到尽头，只是该转弯了。

人生之路如漫漫长河，我们是河上的船只，当我们遇到转弯处的时候，要告诫自己，转弯后又是一处美丽的风景，不要为人生的转弯感到悲切，转弯是一种理解，是一种解脱，是一种升华。只有懂得了转弯的道理后，人生才会愈加精彩。

克里斯朵夫·李维，以主演美国大片《超人》而蜚声国际影坛。然而，1995 年 5 月，正当他在好莱坞红极一时、风光无限的时候，一场飞来的横祸改变了他的人生。原来，在一场激烈的马术比赛中，他意外坠马，从此成了一个永远只能固定在轮椅上的高位截瘫者。当他从昏迷中苏醒过来的时候，对家人说出的第一句话就是：让我早日解脱吧。出院后，为了让他散散心，平息他肉体和精神的伤痛，家人推着轮椅上的他外出旅行。

一次，小车正穿行在落基山脉蜿蜒曲折的盘山公路上，克里斯朵夫·李维静静地望着窗外，发现每当车子即将行驶到没有路的关头，路边都会出现一块交通指示牌："前方转弯！"或"注意！急转弯"的警示文字。而拐过每一道弯之后，前方照例又是一片柳暗花明、豁然开朗。"前方转弯"几个大字一次次地冲击着他的眼球，也渐渐唤醒了他的心灵：原来，不是路已到了尽头，而是该转弯了。他恍然大悟，冲着妻子大喊一声："我要回去，我还有路要走。"

从此以后，他继续努力以轮椅代步，当起了导演。他首次执导的影片就荣获了金球奖；他还用牙紧咬着笔，开始了艰难的写作，他的第一部书《依然是我》一问世，就进入了畅销书的排行榜。就在同一时期，他创立了一所瘫痪病人教育资源中心，并当选为全身瘫痪协会理事长。此外他还四处奔走，举办各种各样的演讲会，为残障人的福利事业筹募善款，成了一个著名的社会活动家。

后来，美国《时代周刊》以《十年来，他依然是超人》为题报道了克里斯朵夫·李维的事迹。在这篇文章中，他回顾自己的心路历程，说：以前，我一直以为自己只能做一位演员，没想到今生我还能做导演、当作家，并成了一名慈善大使。原来，不幸降临的时候，并不是路已到了尽头，而是在提醒你：你该转弯了。现如今，虽然"超人"克里斯朵夫已离开了我们，但他良好的心态、绝不向命运屈服的坚毅和顽强，让人们永远地记住了他的名字。

人生就像是一次旅行，路不仅在我们的脚下，更在我们的心中，心随路转，心路常宽。学会转弯也是人生的智慧，因为挫折往往是转折，危机同时是转机。

路已到尽头，只是该转弯了。

人生的旅途中，当你遇到一件事，已无法解决，甚至是已经影响到你的生活、心情时，不妨先停下脚步，暂时地想一想是否有回旋的空间，或许换种方法，换条路走，事情便会简单很多。但是，通常在那一刻，我们来不及想到这些，只是一味地在原地踏步、绕圈，让自己一直地陷在痛苦的深渊中，生命中总有挫折，那不是尽头，只是在提醒你：该转弯了！

人生的归宿不在别处

不懂得珍惜现在，下一秒钟就可能后悔莫及。

人们总是喜欢梦幻中的虚设，为了这些梦幻的东西不停追寻着某种不切实际的东西，从而忽略了周围的一切；生活是最公平的，那些最真的生活、最大的幸福，常常就在我们的身边，遗憾的是大多数的人都不自知。

一个二十多岁的年轻小伙子急匆匆地走在路上，对路边的景色与过往行人视若无睹。

一个人拦住了他，问："小伙子，你为何如此行色匆匆啊？"

小伙子头也不回，只泛泛地甩了一句："不要妨碍我，我在寻求幸福。"

时间如流水，转眼 20 年过去了，小伙子已变成了中年人，他依然在路上疾驰。

又一个人拦住他："喂，伙计，你在忙什么呀？"

"不要妨碍我，我在寻求幸福。"

转眼之间又是 20 年过去了，这个中年人已成了一个面色憔悴、老眼昏花的老头，他依然在路上挣扎着向前挪。

一个人拦住他："老人家，您还在寻找您的幸福吗？"

"是啊。"他焦急而无奈地答道。

当老人回答完这个人的问话后，猛然惊醒，一行热泪掉了下来。原来问他问题的那个人，就是他一直苦苦寻找的幸福之神，他寻找了一辈子，可幸福之神原来就在他旁边。

大部分的时间，我们不知道什么是幸福，什么是生活，总觉得别处才是自己的归宿，总盼望着别处不同的生活，总以为那未知的生活一定是最好的，所以一直马不停蹄不停地追寻，直到有一天猛然发现生活原来就在这里。

从前有个年轻英俊的国王，一直被两个问题困扰着：第一，我生命中最重要的时光是什么时候？第二，我生命中最重要的人是谁？

他向全世界的哲学家宣布，能圆满地回答出他这两个问题的人，将分享他的财富。于是很多的哲学家从世界各地赶来了，但是他们的答案却没有一个能让国王满意。

这时候有人告诉国王，在很远的山里住着一位非常有智慧的老人。国王于是马上乔装打扮，出发去找那位智慧老人。

他来到智慧老人住的小屋前，发现智慧老人盘腿坐在地上，正在挖着什么。"听说你是个智慧的人，能回答所有问题，"国王说，"你能告诉我谁是我生命中最重要的人吗？什么时刻是我人生最重要的时刻？"

"帮我挖点土豆，"老人说，"把它们拿到河边洗干净。我烧水，你可以和我一起喝一点汤。"

国王认为这是智慧老人对他的考验，就照他说的做了。他和老人一起待了几天，希望他的问题能得到解答，但老人什么也没有回答。

最后，国王对智慧老人很生气。他拿出自己的国王印玺，证明了自己的身份，宣布老人是个骗子。

智慧老人说："在我们第一天相遇的时候，我就回答了你的问题，只是你没明白我的答案。"

"是吗？那你的答案是什么呢？"国王问。

"你来的时候我向你表示欢迎，让你住在我家里，"老人接着说，"你要知道过去的已经过去不会再回来，而将来的还未来临——就是说你生命中最重要的时刻就是现在，你生命中最重要的人就是现在陪在你身边的人，因为正是他和你分享并体验着生活啊。"

生活不在别处，我们应该珍惜现在的所有，活在当下。

我们应该珍惜现在所拥有的爱情，不要轻易放弃。一个人一生中能找到一份真正属于自己的爱情不容易，那么为什么不好好珍惜呢？难道真的非得等到失去了才后悔吗？

人生就像一次旅行，下一刻会发生什么谁也不知道，不懂得珍惜现在，下一秒钟就可能后悔莫及。

世界上最珍贵的东西是现在拥有的。我们拥有蔚蓝的天空，拥有清新的空气，拥有健康的身体，拥有爱我们的人和我们爱的人，这些难道不值得我们去珍惜吗？人生没有再回首，时光倒流只是我们美好的想象。而未来如果没有今天的努力拼搏，也是不会实现自己的理想的。那么就从现在开始，珍惜你现在拥有的，这是你最宝贵的一笔财富，请好好利用它吧！

人生就像一次旅行，请珍惜现在所拥有的生活和风景，无论是清闲的还是忙碌的，是孤独的还是热闹的，只要用心，就能领悟生活的本义、享受生活的馈赠！寻找生命的归宿，不是在别处！

选择好人生的方向

人生如果错了方向，停止就是进步。

机会千千万万，可是没有适合自己的那一个。看着眼花缭乱的招聘信息，只想重新走回校园充电。障碍就在眼前，只要再多一点点的努力就可以成功，可是就因为这一点点却无能为力；只要跨过这个门槛，就可以在相应的职位上游刃有余，可是这个门槛太高就是跨不过去。

我们的人生，总是有这么多尴尬的位置，进退不得。我们会茫然四顾，犹如身在险峰，眼前的路都是云雾缭绕，看不真切。这个时候，我们要强迫自己静下心来，弄清楚自己的位置和方向。不管现在处于怎样的境遇，都要告诉自己，人生重要的不是所坐的椅子，而是所朝的方向。

从前，一个农夫有两个女儿。大女儿漂亮、善良、多情，人见人爱，大家都宠着她，认为她有一天一定会嫁到皇宫里去的。小女儿长相平平，也没有什么突出的个性，她在大家的忽视中慢慢长大。大女儿白天帮母亲料理家务，空闲的时候就浇浇花、喂喂鸟，对未来也没什么打算。因为她无须担心自己的人生，她的人生早就被她母亲安排好了，那就是通过走访那些和贵族沾边的远亲来结识上层人士，尽可能地嫁给高官或皇族。这也是他们全家人的希望，当然除了小女儿。小女儿整天蹲在一堆破布和针线当中，她只有一个愿望，就是做出世界上最美丽的衣裙。

她从小就看到全家人靠省吃俭用给姐姐买的花裙子，是多么的漂亮，就像展翅的蝴蝶。她也曾趁大家熟睡的时候，偷偷穿在身上，一个人在月光下跳舞。可是，那些裙子终究不是她的，要知道全家省吃俭用一年才能买一条这样贵的裙子。长大一些后，她就不再偷穿姐姐的裙子了，而是暗暗下决心，要自己缝制漂亮的花裙。从这个时候开始，她总是想方设法在村子里收集各种废旧的剩余的布料，照着样子缝制裙子。后来她的针线活越做越好，缝的补丁都看不见针脚，她能够按照补丁的形状缝成花、太阳、蜻蜓，等等，完全看不出来是块补丁。后来她的手艺引起了村里裁缝的注意，就让她到店里帮忙。于是她开始了正规的缝纫学习。

　　与此同时，她的姐姐也开始了相亲。父母用小女儿缝制的衣裙，把大女儿打扮成大户人家的小姐，让她去参加各种各样的社交舞会，以求能够遇见贵人。小女儿对姐姐说，如果不想去可以拒绝的。但是如此美丽的姐姐，不知道自己要什么、能做什么，倒不如听从父母的安排。

　　时间在慢慢过去，姐姐终于找到了一个愿意接受她的贵族，可是这个贵族已经40岁了，右腿有些不灵便，而且还带着前妻留下的两个孩子。这时候，小女儿也来到城里，是村里的裁缝资助她到著名的裁缝店学习的。大女儿出嫁了，她们的父母很开心，得到了一大笔钱，而姐姐自己却无所谓快乐不快乐的。她没有什么想要的，也不知道能做什么，只是在听从父母的安排。有时候，她也会羡慕妹妹的梦想和努力，可那毕竟是一瞬间的想法而已。

　　通过专业的学习，小女儿的手艺越来越好，很多上层贵族都喜欢找她做衣服。当她姐姐有了第一个孩子的时候，她终于攒够钱，自己开了一家店。她非常激动，终于能专心设计，朝着"最美丽的衣裙"这个梦想迈进，还可以免费为那些穷苦的女孩子裁剪漂亮的裙子。小女儿的生活充实而快乐，而与此同时她的大姐开始渐渐地枯萎。姐姐生活在"家庭"的形式中，对自己的丈夫、孩子没有热情。也许，她从来就没有对什么怀抱过热情。她只是在很好地履行一个做妻子的职责，仅此而已。曾经那个喂鸟养花的美人一去不复返，留下来的只是一副躯壳，容颜凄美、衣着华丽。小女儿很多次劝姐姐想想自己的梦想。可是，姐姐总是淡淡地说，我没什么想要的，也没什么可做的。

　　小女儿的手艺和善行终于传到了皇宫里。公主出嫁的时候，她领到命令负责裁制嫁衣。小女儿对公主的下属说，仅有尺寸是不行的，她需要见到公主本人，才能知道她最适合什么样的衣服。衣裙不仅要合尺寸，更要和人的气质相和谐。于是，她进了皇宫。嫁衣做好了，公主穿上后惊艳四方，所有的王公贵族都非常喜欢，纷纷打听是在哪里定做的。小女儿在京城中一下子成了名人，然而真正令她高兴的是，她终于做成了世界上最美丽的衣裙。可是更意想不到的是，在她给公主量体裁衣的时候，公主的哥哥，就是本国的国王碰巧经过，对她一见钟情。不久后她成为了王后。王后的命运，那是家人曾经给她姐姐的预言，却在她身上应验了。只是，她现在的命运是依靠自己的努力获得的。

　　我们每个人在来到这个世界的时候都有一把椅子，有高有矮，有好有坏，不管怎样，这都不是最终的定局。就像故事中的小女儿最初坐的椅子绝对是不如她的姐姐，然而她没有自卑，也没有因为被忽视而抱怨，而是坐稳了这把椅子，朝着梦想的方向不断前进。

　　在有梦想的时候不要放弃梦想，在有机会的时候不要错过机会，在可以拼搏的时候义无反顾地拼搏。

稳着点，才会走得更远

以平和的心态欣赏人生的风景。

从前有一只百灵鸟，为了轻松得到虫子，愿意用自己的羽毛去换虫子，结果，当最后没羽毛不能飞的时候，它既不能交换到虫子，也不能自己飞着去找，只能眼睁睁地死去。

人生就像是一场旅行，最容易走的路其实是最难的。

人生就像一次旅行，为了长远的打算，我们一定不要浮躁。

浮躁情绪是我们的大敌，它会让人变得焦虑不安、急功近利，以致失去自我。浮躁使自我缺乏清净感，缺乏快乐，且太过于计较得失。

人生就像一次旅行，为了长远的打算，我们一定要有远见、行动力和忍耐力。

因为通往成功的路，一定会有很多坎坷，难免会承受诸多委屈。缺乏耐心，是很难坚持到最后的。工作的时候，需要忍耐力。

工作当中，升职加薪不仅需要实力，更需要机遇。社会上有太多的不公平现象，而你又无能为力的时候，就要坦然接受。如果机会还没来，就要更进一步修炼自身的素养。只有懂得坚持和忍耐的人，才能在高升的路上破浪前行。

诸葛亮六出祁山时驻扎五丈原，司马懿深知自己的韬略不如诸葛亮而采取拖延战术久不出兵。诸葛亮派人向司马懿送去一套女人服装，并递信说："你如果不敢出战，便应恭敬地跪拜接受投降，如果你羞耻之心还没有泯灭，还有点男子气概，便立即批回，定期作战。"

司马懿的左右看后，非常气愤，纷纷请战，但司马懿却坚守不战。不久诸葛亮因积劳成疾而死，司马懿没伤一兵一将，不战而胜。

一名普通的职员要赢得公司高层的认可，绝非一朝一夕的事。在此，"认识"和"认可"在概念上其实是一致的。如果你不给公司机会认识你，公司怎么能够信任你，让你管理业务？

为了赢得公司的信任，随之获得职业发展的机会，一定要有耐心。所谓耐心并非坐等机会来临，而是借此机会先审视一下自己，看看还有什么不足，然后再努力提高。

如果在等待期间自己一直很努力地学习和表现，这样就够了吗？聪明的职员还应该知道如何通过合适的方式让老板看到自己的进步。

职场人士在工作 3~5 年的时间里，是从学徒到能够"独当一面"的职业发展阶段。这段时间是这些人职业生涯中最"青黄不接"的阶段，正处于"一瓶不满，半瓶晃荡"的状态。

如果在这个阶段频繁跳槽的话，对自身是难以有所突破的。根据职业发展规律，一个人真正能在工作中掌握某方面的技能和素质，需要 3~5 年时间的潜心钻研和积累。那么对于职场人士该如何办呢？

第一，不要让理想脱离现实。

很多人总希望自己所在的公司规模要大，知名度要高，管理规范和成长空间大。可是，现实中又有多少人能进入大公司做高级白领呢？更多的人则会在一些中小企业中工作。而且多数企业都会让员工从底层的工作做起，从事一些简单和枯燥的工作。这种情况与他们所想象的工作存在太大的差距，于是，职员就会心里浮躁不安和频繁跳槽。

第二，不要急于求成。

一个人有理想，有斗志固然好，但是千万不要急于求成，要调整好自己的心态。有很多的毕业生在自己的努力没有获得回报时，会觉得在这里工作没有前途。以致产生一种想跳槽的想法。

第三，沉下心来，踏踏实实。

工作中，很多人都喜欢把思维中的浮躁状态归咎于外界，而不会从自己身上找原因，也不会站在企业和社会现实的角度考虑一些问题。当工作中情绪变得浮躁时，自己从没有认真思考过究竟是自己的问题还是企业的问题。

工作中出现了浮躁心理，首先要做的是沉下心来，踏踏实实地干一段时间。或许，当你真正融入到企业里干一段时间后，你会重新找到自己的位置，发现自己的价值。如果工作一段时间后，你发现这种工作的确不适合自己，那么你可以重新选择。这时候，你至少可以清楚地了解自己下一步到底应该找什么样的工作。

让生命如此坚韧

战胜自己，是最伟大的力量。

成功并不是偶然，它是经过无数次努力与奋斗的坚定，它是无数次经过困难与挫折历练后的见证。

人的本性注定自身的内心有许多的不坚强，其实最可怕的对手就是我们自己。为了成功，我们必须战胜自己，因为这往往是我们通向成功的最后一道屏障。我们只有战胜自己，才能成为自己的主人；只有成为自己的主人，我们才能把握自己的人生。

和自己较量是最难的，因为他和我们一样强大，他很了解我们的内心。只要我们稍不留神，就会被他钻了空子。他也很了解我们的防守和进攻，在这个敌人面前我们几乎就是个透明人，一不小心就会被他击败。人生路上，有的人能够成功，有的人却总是失败，无一例外那些成功的人一定是可以打败自己的人；那些被自己打败的人，必定成为生活中的失败者。

人生难免挫折，然而，人们对待挫折的态度却各不相同。日本著名哲学家武者小路实笃的一番话说得好："人类中，谁都不能回避不幸的阴影，在这种时刻，各人凭自己的修养来对付：圣人就像圣人，勇士就像勇士，普通人就像普通人，愚者就像愚者，善人就像善人，恶人就像恶人，各人的本性在这种场合暴露无遗。"可见在同一种境遇之下，由于每个人的品性不同，所采取的态度千差万别，有些人就此陷入不幸的深渊，而另一些人在遭到灾难的袭击后，成为坚强的搏击者。

战胜自己，最需要的就是坚强的意志力。一个人只有具有了坚强的意志力，才能够成为自己的主人，也才能够成为生活中的强者。

科学巨匠诺贝尔进行了四百余次试验，发生了好几次惊险的爆炸事件。太多的人劝他放弃这冒险的试验，他却毫不气馁，将实验室设到了瑞典马拉伦湖中的船上。1867 年 9 月 3 日，一声巨响从船中突然爆发，整个船身剧烈晃动，滚滚浓烟从门窗中冲出，面孔乌黑、浑身是血的诺贝尔从硝烟中钻出来，像狂人一样呼喊着："成功了！成功了！"

历史上多少出类拔萃者之所以能出类拔萃，很重要的一点就是他们决不认输，能够战胜自己。

人生就像一次旅行，很多时候，使我们疲惫的，并不是远方的征程，而是我们鞋里的沙子。阻碍我们成功的也并非生活中的困难，而是我们心灵的脆弱。如果我们的内心可以更加坚强一些，强大到可以战胜自己内心的一切弱点，那么，我们或许就会发现成功就在眼前。

南朝的祖冲之，在当时极其简陋的条件下，靠一片片小竹片进行大量复杂的计算，一遍又一遍，不知疲倦，历经无数次失败，终于在世界上第一个把圆周率精确到小数点后第七位。

当我们需要洒脱的时候，先要战胜自己的执迷；当我们需要勇气的时候，先要战胜自己的懦弱；当我们需要宽宏大量的时候，先要战胜自己的浅狭；当我们需要公正的时候，先要战胜自己的偏私；当我们需要勤奋的时候，先要战胜自己的懒惰；当我们需要廉洁的时候，先要战胜自己的贪欲。

　　兵法说，知己知彼，方可百战不殆。把自己的目标放在别人身上，不但会迷惑我们的视线，而且会使我们放松警惕。当一个人对别人观察入微的时候，恰恰是他看不见自己的时候。在不能正确认识自己的情况下，盲目地沾沾自喜，就会把优势转化为劣势。

　　一步一个脚印，踏踏实实地走好自己的路。即便我们迷了路，但是方向还在，顺着我们自己的脚印，仍然可以回到当初出发的地方，并尝试一条新的路线，开始新的征程。

　　人生就像一次旅行，在任何时候、任何情况下，战胜自己才是最重要的。只有战胜了自己，才能战胜所有！让我们每一个人都学会战胜自己吧！

第四辑

打开心灵的窗户，且听风吟

　　我们是否只知道匆匆地赶路，却忘了欣赏沿途的风景？终点不是人生的目的，一路的天高云淡，鸟语花香，才是真正的收获。如果脚步匆匆，即使走得比别人快，也得不到真正的快乐。慢慢走，打开心灵的窗户，且听风吟，让人生的美景为你停留。

最美的风景在路上

人生就像一次旅行，路上的风景万万千千。

人生就像一次旅行，我们每个人都有各自的目标，虽然目标远大，道路艰难，使人感到有些疲惫，但当我们向着目标前进时，不要忘记欣赏路边的景色。虽然心在远方，也要留意脚边的景色，当你疲惫时，停下来，细细品味，你就会有所收获。

其实，人生的意义不在于是否实现自己的理想，只要为自己的理想努力过、奋斗过，品尝过人生的百味，那就无悔于自己的人生。因此在你实现梦想的过程中也要有一颗平静的心，留意脚边的美景，与朋友交流，即使没有成功，你也会有所收获，至少比那些一心为理想奋斗但最终一无所获、两手空空地离开人世的人要幸福。

人生就像一次旅行，当你在途中感到疲惫时，停下来，看看你手中已收获的美景，你会心有慰藉；当你在为理想努力前进时，不要忘记路边的景色，欣赏美景，陶冶心灵，让前进的脚步更轻盈；当你在向心中的国度航行时，不要忘记身边的亲人、朋友，是他们的支持使你走得更远。

如果把我们的人生比作是飞扬在生活中的风帆，航行在大海上，那么等待着我们的有风和日丽，也有惊涛骇浪。生活道路上的荆棘，面对命运的一次次挑战，我们经常遍体鳞伤，与其一直艰难前行，不如偶尔停下来欣赏一下周边的风景。

偶尔停下来，是一种享受。夜，月清寒如水，明亮如纱。阳光雨露，碧水蓝天，花开蝉鸣，叶落雪飘。如此的美景，朋友，长途跋涉中，何不偶尔停下来呢？

　　停下来躺在草地上，请接受春的请柬。在光秃秃的树枝上寻找到树叶的身影，花的踪迹，它们带你走进夏的门槛；停下来，望望夏夜的星空，接受秋的邀请，它带你追逐冬的步伐；停下来，品尝收获的喜悦，步入一个淳美厚重的世界，这多么美好！享受后，开始起程，步伐是否会更加有力？

　　人生就像一次旅行，偶尔停下来，是一种需要。当你追逐阳光奔跑时，当你在海中扬起生活之帆时。时而晴天霹雳，时而风雨交加，时而风起云涌，时而狂风大作，在你一次次潦倒在命运脚下，任凭被风雨蹂躏时，朋友，何不偶尔停下来？

　　人生就像一次旅行，停下来，擦干眼泪，接受阳光的抚摸，风雨的洗礼，让心灵净化；停下来，调整好心态拍去身上的灰尘站起来；停下来，去山间听一听鸟语，感受溪流的快乐。偶然抬头，是否可以发现，你喜欢的花儿开在眼前，阳光更加灿烂？

　　人生就像一次旅行，偶尔停下来，是一种智慧。人生，有许多的十字路口，等待你去选择，面对艰难的抉择，你是否绝望过？面对所谓人生的道路，你是否迷茫过；面对命运的颠沛，你是否摇摆过？面对漫长的守望，你是否哭泣过？面对残酷的现实，你是否想过要放手？那么，何不偶尔停下来呢？

　　人生就像一次旅行，停下来是一种享受，是一种需要，是一种智慧，是一种富有哲理的人生态度。在茫茫的人生道路上偶然停下来，拍一拍身上的泥土，倒一倒鞋中的沙砾，望一望蓝天，听一听山间的鸟鸣，用轻松快乐的心态去迎接属于自己的美丽人生。

不要停滞不前

马拉松式的人生，可以驻足，千万不能停滞不前。

人，贵在坚持，一旦确定好目标之后，一定要持之以恒，坚持下去。即使奋斗坚持的过程很痛苦，也一定要坚定自己的目标，不然就会前功尽弃。当然，一直坚持着会很痛苦，你可以放慢前进的脚步，但是不可以停下来。若停下来，那股向前奔跑的劲头就会消失，就没有力气往前跑了。

人的一生，就是一个攀登的过程。我们的身后都有各自的人生的轨迹。能攀登到峰顶的那个人一定是最坚韧的。是的，没有坚韧，再宏伟壮观的计划都是一纸空言。因此，在现实的登山途中也是这样，你可以在困难面前慢下来，但不能停滞不前。只有坚持到最后，才能到达目的地。在这样的坚持里，要有执着的信念，有火一样的热情，有行动的决心，有成功的准备。

龟兔赛跑的故事我们都不陌生，兔子虽然跑得很快，可是它很骄傲就在树下睡起了觉，虽然乌龟爬得很慢，却坚持不懈一直往前爬，最后乌龟赢了。凡事都要坚持，你可以慢下来，但是不能停下来。一停下来，别人就会奋起直追，你就会被别人落在后面。我们应该学习乌龟坚持的精神，虽然慢，但是只要坚持就会成功，要抛弃兔子自认为聪明而不坚持的做法。

诸葛亮说过："志当存高远。"罗曼·罗兰说："最可怕的敌人，就是自己没有坚定的信念和顽强的毅力。"所以，我们决不要被困难和别人的话吓倒，只有自食其力向着自己的目标奋斗才能达成所愿。只有不断地为自己加油、为自己鼓劲，才能达成自己的愿望。一个人没有坚持不懈的毅力，是不能达成自己的目标的。荀子曾经说过："锲而舍之，朽木不折；锲而不舍，金石可镂。"

2008年一位韩国的钢琴家在国际上引起了很大的影响。提到钢琴家，人们总是会把对方想象成一个美丽动人的少女，穿着高贵的白色晚礼服坐在钢琴前优雅地弹奏钢琴。可是，谁能够想象得到一个只有四岁孩子的身高、七岁孩子的智商和仅有四个手指的钢琴家。

21岁的她从生下来就患有无法治愈的疾病，导致她不得不将膝盖以下的腿截去。她既没有正常人的智商，也没有正常人的健全手指。但是她却用仅有的四根手指为我们演绎了美妙至极的生命旋律。她的四根手指像蝴蝶一样在黑白键上欢愉地飞翔，演奏出令人心旷神怡的旋律，她的生命就是在向我们诠释着：一切皆有可能。她今天所取得的成绩，是因为她敢于面对自己身体上的残疾，敢于挑战自己，并且坚持不懈。

请你相信：当人生为你关上一扇门的时候，它会为你打开一扇窗。有了这扇窗一切皆有可能。因此，生活中没有绝对，只要我们脚踏实地，坚持不懈，不要停下来，偶尔可以放慢脚步稍作调整，成功就一定可以实现。相信自己，坚持下去，一切皆有可能。

当海伦·凯勒用生命创造奇迹时，她在向我们讲述一切皆有可能；当第一缕曙光照耀大地的时候，它在告诉我们一切皆有光明；当小草奋力从地面探出头的那一刻，它在向我们诠释一切皆有希望。当我们想要放弃的时候，它们就是激励我们前进的榜样，我们应当用自己的生命去创造辉煌。

每一处景色，都值得欣赏

旅途处处有美景。

人们经常会犯同样的一个错误，因为平淡的日子和熟视无睹的风景，磨钝了我们对自己生活中美的发现。因此，我们经常会抛下身边的风景去别处寻找同样的景色。每个人都有理由向往未来的生活、远方的风景，但决不可为了"向往"而厌烦身边的一切。

生活中，经常会有很多朋友喜欢旅游，每到长假休息日，都举家外出旅游。可是，当你询问他在外边看到了什么样的风景时，他却说，没什么特别的，和咱们家周围的风景也差不多。

"人生就是一段旅程，不在乎沿途的风景，而是在乎看风景的心情。"这虽是一则广告，却道出了人生的真谛。心情不同，就会看到不同的风景。再美的风景，如果没有宁静的心情，也无法感受其中的韵味。相反，再糟糕的风景，只要有乐观的态度去面对，那么困难也会变成垫脚石。

人生就像一次旅行，如果只是在步履匆匆，想要直奔某种目标而穷追猛打，最终会丢失了自我和为目标而奋斗的乐趣。我们常常因为太过于在乎目的地而忘了品味过程，又或是忽视了欣赏沿途美丽的风景！

人生旅程对我们而言，很难选择起点，也很难预知终点，很难猜测下一个目的地什么时候到达。可是，我们却可以慢慢回味那些让我们成熟、让我们的人生变得厚重而沉淀的点点滴滴！在人生的旅程中，我们遇到的每一件事、每一个人、每一道沟壑、每一片景色，不管是阳光灿烂还是风雨交加，都会在时间的流逝中，成为旅程中一道道难忘的风景。这就需要我们懂得选择一份美好，体会一份快乐。懂得享受过程，欣赏沿途的美景！

著名的哲学家苏格拉底告诉我们："当我们追求一个遥远的目标时，切莫忘记，旅途处处有美景！"在人生的旅途上，哪怕只是一个很普通的朋友、一个萍水相逢的人、一条河、一棵树，都有可能给你带来意想不到的欣喜。人生喜怒哀乐都有，与其脸上写满烦躁、焦急、疲惫与不安，还不如怀着一份欣赏的眼光看世界，也许会别有一番收获。

居闹市而自辟宁静，固守自我而品尝喧嚣。人生就像一次旅行，我们需要保持一份清醒、保持一份平和、保持一份快乐、保持一份轻松。学会欣赏沿途的风景，这不仅是一种态度、一种精神，也是一种人生的智慧！我们应该保持原本属于自己的那份活力，在繁忙的工作生活中偷出一点时间来修饰自己、培养自己、滋润自己、满足自己。

生活慢慢过

放慢节奏，从容生活。

近几年，欧美发达国家越来越多的人提倡"慢生活"。就是强调人们要把握一定的生活节奏，有劳有逸，一张一弛，不要把自己的生活安排得满满的，要给自己留下一些"腾挪"的生命空间，不要永远把自己的兴趣爱好和休息时间放在次要位置，也不要总是为没有充足的时间去完成该完成的事情而感到焦虑。如果我们把"慢生活"作为一种生活方式，安排好自己的工作，把过高的追求目标和耗时项目清除掉，科学地支配时间，从容地休息和运动，无论对提高工作效率还是保障身心健康都是明智的选择。

与"慢节奏"相对应的就是"快节奏"。生活中有很多的人都生活在"快节奏"的生活中，尤其以大城市为多数。他们给自己定下过高甚至不可能实现的目标，为实现目标牺牲了休息时间和兴趣爱好，"流汗又流血，拼劲又拼命"，不惜透支生命和健康，以致处于亚健康状态甚至"过劳死"的边缘。据近年来的一项数据调查显示，我国心血管病的发病率急剧上升，特别是中青年冠心病死亡率呈"陡坡"上升趋势。导致这种结局的主要原因就是，生活节奏过快、工作压力过大、生活方式欠健康。

有位百万富翁为了提前实现他"千万富翁"的理想，经常熬夜加班，忙得不亦乐乎。他压根儿没有想过要做一些体育锻炼，其实也是没时间，甚至有了病，也挤不出时间去看，一心只想着赚钱，赚钱，再赚钱，最终没想到突发心肌梗死英年早逝了。还有一位商界朋友在商海中拼搏，成绩非凡，称得上是一员骁将。他没日没夜地干，牺牲了休息，牺牲了健康。平时他的上衣口袋、办公室抽屉、汽车里都放着救急药品，在40岁那年他便患了脑血栓，躺在病床上不得动弹，他深深地感叹道："无病即大款。"这可以说是肺腑之言。

所谓"慢生活"，并不是主张懒汉哲学，故意拖延时间，也不是无所作为，不思进取，而是提倡一种健康的生活方式，科学的工作态度。要求人们淡泊名利，摒弃过分强烈的欲望和不切实际的奋斗目标。减轻自己的心理压力，放慢自己的生活节奏，把休息、体育锻炼和发展兴趣爱好放在重要位置。

"慢生活"就是坚持劳逸结合，有张有弛，保持积极而镇静的情绪，紧张而有秩序地工作。这样看起来是"慢"，实际上却提高了工作效率，赢得了健康和快乐，保证了生命和生活的质量。

美国作家爱默生说："健康是人生的第一财富。"哲学家叔本华说："健康的乞丐比有病的国王更幸福。"德国作家哈格多恩说："唯有健康才是人生。"人生命的承受能力是有限的，生活节奏过快，以损害健康而换取一时的成绩无异于饮鸩止渴。超负荷劳动，搞"健康透支"等于慢性自杀，必定会以早衰或早逝作为悲惨的代价。健康是生命活动的核心，是生活质量的基础、幸福的源泉。

放慢节奏，从容生活，是一种对健康高度负责的态度，也是一种对有限的生命资源的有力保护。

留点力气给明天的生活

生活很长，不是一朝一夕就可以完成的。

一位曾经在丽江旅行的老太太说出了一句让世界震惊的话："既然前面都是死亡，我们还着什么急？慢慢走不是更好吗？生命不会因为你多花心力而给你特别的赏赐，也不会因为你悠闲自在而剥夺你的幸福。"

生活很长，很烦琐，不是一朝一夕就可以完成的，也不是一次成功就可以奠基的。人生有高潮就会有低谷，有华丽的演出就会有寂寞的散场，如果你执着于那刹那的芳华和美丽，最终只会误入歧途。

有三只毛毛虫，从很远的地方爬来。它们准备渡河，到一个开满鲜花的地方去。其中一只毛毛虫说，我们必须先找到桥，然后从桥上爬过去，只有这样，我们才能抢在别人的前头，占领含蜜最多的花朵。

另一只毛毛虫说，荒郊野外的，怎么会有桥呢？我们还是找根树枝，从水上漂过去，只有这样，我们才能尽快到达对岸，喝到更多的蜜。

剩下的一只毛毛虫说，我们走了那么多的路，已经很累了，现在应该静下来休息两天。

听到这样的话后，另外两只毛毛虫很诧异。休息？简直是笑话！没看到对岸花丛中的蜜都快被人喝光了吗？我们一路马不停蹄地赶路，难道是来这儿睡觉的？

这只毛毛虫没理会同伴的抱怨，爬上最高的一棵树，找了片叶子躺下来。河里的流水声如音乐一般动听，树叶在微风吹拂下如婴儿的摇篮，很快这一只毛毛虫就进入了梦乡。

这只毛毛虫不知道自己究竟睡了多久，也不知自己在睡梦中到底做了些什么。一觉醒来，这只可爱的毛毛虫发现自己竟然变成了一只美丽的蝴蝶。翅膀是那样美丽，那样轻盈，只是轻轻扇动了几下，就很容易地飞过了河。此时，这儿的花开得正艳，每个花苞里都是香甜的蜜。它很想找到两个伙伴，可是飞遍所有的花丛都没找到，因为它的伙伴一个累死在了路上，另一个被河水淹死了。

那么拼尽全力地迈进明天，明天就比今天好吗？现实生活中很多人都会发出这样的感慨，我们的时间浪费不得，我们已经付出了那么多，一定要在最后关头咬紧牙齿，我们要花更多的心力才能超越他们。

这些想法反映出功利性的人生目的。事实上，我们的生活不在远方，也不在别处，就在当下，在今天，在你手里，在你身边。与其忍辱负重，逼迫自己艰难地前行，不如顺从心意享受当下的人生。就像那只想休息的毛毛虫一样，累了就睡吧，做个美梦。等有了力气，再走。

何必那么着急，把自己逼到极限呢？假如这一次你全力以赴成功了，那么下一次呢？难道你每一次都要费尽心力达到顶点吗？一次次的冲刺，没有足够的休息时间，你能受得了吗？而你又能承受多久？即使你坚持下来了，这样的人生又有何意义。等你老了，回过头看的时候，只有一个个象征成功的头衔，而没有欢快的回忆。

2008 年，上海等城市相继公布了职场白领们的工资标准，分几个等级，工资多的逾万，少的千元左右。许多职场人士对此做法并不买账，他们并不承认自己属于白领阶层，理由是：工资这么少能算白领吗，简直就是在开玩笑！这并不是在表示自己的谦虚，而是在抱怨自己的付出与所得不成正比。事实上也是如此，在高度竞争的环境下打拼，他们付出的不仅是每天八小时的劳动，失去的不仅是健康和亲情。这些人常常忧心劳碌、患得患失、身体处于亚健康状态，家也成为了一个有床的办公地点。一家人快快乐乐地度个周末都成了奢望，而且，一个工作狂就像一架机器，他自己又有多少情趣和快乐可言呢？更别提享受工作和生活了。

经济的飞速发展，标志着一个国家的文明和进步。可是快节奏的生活方式，激烈的竞争环境，都给人们带来了沉重的心理负担。物质条件虽然丰富了，但是为了生存而流血流汗的付出，却让每一个人都难以应付。于是，很多人都觉得活得好累，活得好辛苦，可是为了生活却又不得不去面对。结果是生活过得越来越物质，心理压力却越来越大，许多人不堪重负，年纪轻轻的就因为过度疲劳而引起各种疾病，甚至英年早逝，非常让人心痛。

人生一世，草木一秋，不能虚度青春，挥霍年华，总要有自己的奋斗目标。可是别忘了身体是革命的本钱，要懂得爱惜自己的身体。

世界上，永远有做不完的工作，钱也是永远都挣不完的。试想：如果没有健康的身体，良好的心态，纵然腰缠万贯，坐拥荣华富贵，那又有什么意义？人生就像一次旅行，我们总要找一个可以停留休息的地方，坐下来，歇一歇。给自己的心灵放个假吧，让自己能够有张有弛，让生活能够劳逸结合，让人生也能够挥洒自如！

倒出鞋里的沙子

"使人疲惫的不是远方的高山，而是鞋子里的一粒沙子。"——伏尔泰

学会倒出鞋子里的沙子，往往一个小小的沙子却断送了我们的前程，当我们的人生中遇到一些看似简单却阻碍我们发展的小事，当我们的人生中遇到一些看似微不足道却影响我们关系的小事，请暂停脚步，处理好这些小事，不要任之发展，只有处理好了每一件看似简单却影响深远的小事，人生才能更加顺利，人生之路才能更加坚定。

有一个参加长跑比赛的选手在经过一片沙滩的时候，鞋子里灌进很多的沙子，他匆匆把鞋子脱下，胡乱地把沙子倒出，急忙往前继续跑，可是还有一粒沙子仍留在他的鞋子里，在他以后的路程中，那粒沙子一直磨着他的脚，他跑一步，痛一步，可是他并没有打算停下把鞋子脱掉，抖出那粒磨他脚的

沙子，而是继续向前跑，在离终点不远的地方，因为脚痛难忍，他不得不停下来，最后放弃了这场比赛，当他忍着揪心的疼痛把鞋子脱掉时，他竟然发现让自己痛苦并放弃这场比赛的仅仅是一粒沙子。

扫除人生道路上的障碍，是我们的常识。我们一直也在进行着这样的过程。学习照顾体贴别人，扫除人际交往中的障碍；学习外语，扫除语法障碍；学习驾车，扫除技能障碍，这些都是我们看得到的必须要做的事情。但是很多时候，一些小毛病、小障碍就被我们忽略了。我们觉得那无关紧要，不妨碍我们的前进。其实那些不起眼的小毛病、小障碍往往引起大痛苦。

一个女孩认识了一个男孩，觉得性格合适，谈话也投机，只是有一点，男孩吃饭的时候样子很不雅观，狼吞虎咽，女孩觉得跟男孩一起在饭店吃饭很丢人。所以，在两人相处的过程中，女孩都尽量提议在家里吃饭。男孩刚开始以为女孩是为他省钱，心里挺高兴。可是后来知道原因后，自尊心就开始受不了了。最终两个人分手了。女孩后来遗憾地说："没想到是因为这个原因分手了。"事实上，分手的原因也不是什么大事情，如果两个人能开诚布公，在最初的时候把这件事情解决了，男孩稍微注意一下吃相，这段姻缘也就不会半路夭折。

不仅是在爱情中，在各种人际关系中，都容不得细小的沙子，否则日积月累，终究会引起大的矛盾，那时候再后悔也来不及了。

一位婆婆对自己儿媳妇非常不满，总觉得儿媳妇什么都不好，对人没礼貌不说，洗衣服洗不干净，做饭不行。一次，家里来了客人，她又开始抱怨：

"你看阳台上的衣服，总是斑斑点点。连衣服都洗不干净，还整天嫌我唠叨。"客人觉得奇怪，就去阳台上看，原来并不是衣服洗得不干净，而是玻璃太脏。客人把玻璃擦干净，老太太看到了"奇迹"。一直以来，对儿媳妇的不满这个时候才释怀了。

　　工作中的一点小失误，两个人之间的一点小摩擦，家庭中的一点小误会，都不可以等闲视之。人与人的相处就是这样，一点小误会如果不及时消除就会造成大的隔膜。因此，我们要及时发现那些阻碍我们的细小的沙子，把它倒出来，人生的道路会更加顺畅。

第五辑

耐得了寂寞，守得住繁华

寂寞不仅是一种状态，而且是一种人生的修为。人生的生活方式有很多种，无论选择哪一种，独处时，都要耐得住寂寞。耐得住寂寞的人才能成就一番事业。守住心境，耐住寂寞，学会独处，享受孤独，在独守中整理自己，强大自己。

独处是一个人的修行

心灵有家，生命才有路。

人们常常把与人交往看作一种能力，其实独处也是一种能力，并且在一定意义上是比交往更为重要的一种能力。反过来说，不擅交际固然是一种遗憾，而耐不住孤独也未尝不是一种很严重的缺陷。

世界上没有一个人能够忍受绝对的孤独。但是，绝对不能忍受孤独的人一定是一个灵魂空虚的人。正是这些人，他们最怕的就是独处，让他们和自己待一会儿，对于他们简直是一种酷刑。只要闲了下来，他们就必须找个地方去消遣。他们的日子表面上过得十分热闹，可是他们的内心极其空虚。他们所做的一切都是为了想方设法避免面对面看见自己。对此只能有一个解释，就是连他们自己也感觉到了自己的贫乏，和这样贫乏的自己待在一起是多么的无趣，再无聊的消遣也比这有趣得多。这样做的后果是他们变得越来越贫乏，越来越没有了自己，形成了一个恶性循环。

独处是一种能力，并不是所有的人在任何时候都可具备的。具备这种能力并不意味着不再感到寂寞，而在于安于寂寞并使之具有生产力。人在寂寞中有三种状态。一是惶惶不安，没有头绪，百事无心，一心逃出寂寞；二是渐渐习惯于寂寞，安下心来，建立起生活的条理，用读书、写作或别的事务来驱逐寂寞；三是寂寞本身成为一片诗意的土壤，一种创造的契机，诱发出关于存在、生命、自我的深邃思考和体验。

独处是生命中美好时刻和美好体验，独处虽然寂寞，可是寂寞中却又有一种充实。独处是灵魂生长的必要空间，在独处时，我们从别人和事务中抽身出来，回到了自己。这时候，我们独自面对自己和人生，开始了与自己的心灵以及与宇宙中的神秘力量的对话。一切严格意义上的灵魂生活都是在独处时展开的。和他人一起谈古说今，引经据典，那是闲聊和讨论，唯有自己沉浸于古往今来大师们的杰作之时，才会有真正的心灵感悟；和别人一起游山玩水，那只是旅游，唯有自己独自面对苍茫的群山和大海之时，才会真正感受到与大自然的沟通。

　　心理学认为，人之所以需要独处，是为了进行内在的整合。整合，就是把新的经验放到内在记忆中的某个恰当位置上。唯有经过这一整合的过程，外来的印象才能被自我所消化，自我也才能成为一个既独立又生长着的系统。所以，有无独处的能力，关系到一个人能否真正形成一个相对自足的内心世界，而这又会影响到他与外部世界的关系。

　　如何判断一个人究竟有没有他的"自我"呢？有一个十分可靠的检验方法，就是看他能不能独处。当你自己一个人待着时，你是感到百无聊赖，难以忍受呢，还是感到一种宁静、充实和满足？

　　独处与一个人的性格没有一点关系，爱好独处的人同样可能是一个性格活泼、喜欢朋友的人，只是无论他怎么乐于与别人交往，独处始终是他生活中的必需。

　　心灵有家，生命才有路。学会自己独处，和大自然独处，和生命独处。学会独处的人，心智才能够成熟；学会独处的人，心胸才能够豁达；学会独处的人，才能领悟到生活的深邃。独处让你更清楚自己的价值，独处让你更了解自己的需要，独处帮助你用旁观者的眼光看待自己的故事，独处让你更快乐、更加珍惜友谊，独处让你在安静中体味生活，独处让你……

人生就像一次旅行，在人生路上，很多时候是要一个人走的，有时是自愿，有时是无奈。但无论如何，学会独处都可以让你在最快的时间内找到生活的乐趣。

在独处中自安

学会了独处，就走向了成熟。

独处，是个体从繁杂的外部环境，从纷扰的人事中抽身而出，回归自我的情态；是个体正视自我，不逃避、不急躁，平和地体验与理解自我的心态；是个体凝视自己的内心，聆听自己的声音，寻求自己的心思、意念，坦露自己心迹的状态。

当个体独处时，视线中的人与物都会成为他心灵中的一道风景，上面刻着他的名字，他会与之对话，看他呈现，听他诉说，仿佛是人生一知己，有无尽的话语可以说，有无穷的情谊可以絮絮叨叨。当个体独处时，他会倾听自我内心的声音，他会与自己对话。心底浮起的声音如同晨曦中的微光，虽力度不大，却足以震撼他的心灵。被这股柔软细致的声音光顾之后，个体会往深处回顾自己的经历，反思自己的历程，然后张开双臂，拥抱自己不远处的未来。独处至极，还会感悟着自己人生的过去、现在与未来。"我是谁？从哪里来？到哪儿去？"会以哲学的命题叩问自己的灵魂，让心灵尝试着回答，获得生命的信息。

一个经常独处的人，内心一定不会贫乏。他对生活的感受与体验力会过于不常独处者，独处中所累积的自我意识会在言语中释放，说话、写作均列其中。很多人话语贫瘠，文字苍白，主要原因是与不会独处有关。独处的奥秘就在于让你直逼自我，以自我审视的方式认识自己、呈现自己。以独立、完整的个性融入大千世界、芸芸众生，你就不容易迷失自我，因为你拥有自我在先。

我们须学会独处，独处是一种心态，自己要面对自己，认识自我，清楚自我，这一切结果都只为超越自我，尊重自我，调整自我。独处是一种享受，一种境界，一种超脱，而这一切都决定人是否能够发现自己就是一个奇妙的世界，会为找到自己而激动万分。在独处中我们不会指望别人来做我们的救世主，在独处中，我们将抛却纵欲与羁绊。于是，我们强大，我们坚硬，我们成熟，我们巍然不动地获得了韧性与力量，再也不用害怕风雨的洗礼和击打。

孤独，是一种寂寞的冰花

孤独的最高境界就是在孤独中创造。

孤独是什么？有人说孤独是一种幸福，是一种享受，更是一种绝美的心境；有人说孤独是一种感觉，一种情绪；也有人说孤独是一种个性的浓缩，一种寂寞的悲哀，是一种欲盖弥彰的表现。

其实对于孤独更确切的说法是一种心境。那些整天为世间的得失忙忙碌碌的人，根本不会体验到人生还会有一种东西叫孤独；那些沉湎于浮躁和焦虑中的人，是无法体会到孤独者所拥有的那独特的滋味。只有平和而心静的人，才能体会到孤独是一种难得的心境。

孤独是一种乐趣，一种不同于与朋友谈笑的乐趣，一种无法向他人解释的乐趣。当你感到孤独的时候，你可以随心所欲，不必顾虑他人的眼色。这份自在，足够可以让自己的身心彻底放松。感受这份自在，便是孤独的一大乐趣。

当孤独来临的时候，冲一杯浓浓的咖啡，静静地坐在沙发上，耳边响起CD机里传来的轻柔音乐。闭上眼睛，将头懒懒地仰在沙发背上。思绪中，会出现你一直幻想的场景。此刻，我们真正地享受了这份宁静，生命此刻暂时停止了，忘记了忧愁与烦恼，忘记了名利与仕途，更忘记了耳边还飘荡着柔美的音乐。

看着夜色中的一切，借助城市璀璨的灯光反射进房间里的亮光，享受着这份宁静的孤独。打开封闭的窗户，使封闭的自己放飞发霉的积郁，让生命流动着青春的气息，让漠然的心灵生出几许怀旧的温暖，点燃点点滴滴的情感。

如果把人生比作是一次旅行，那么孤独就是一杯冰水，在凉爽与清冷之间放射出自己的纯洁，没有任何的杂质，也没有污染，是一种清静幽雅的美。孤独的时候，没有了喧闹的杂乱，没有人来打扰你的思绪，也不会因冲动而留下遗憾和后悔；处在孤独中能让我们平和，让我们冷静，让我们思考，让我们稳重，让我们耐心，让我们有着一种超越世俗之感，让我们懂得聆听心语，让我们感受这不易察觉的美。这时候就做自己喜欢做的事情吧，你可以轻吟一首诗，和文友共同抒发诗情画意，也可以欣赏一篇名人佳作，与小说中的人物共同经历悲悲喜喜，聆听一些古典音乐，陶冶自己的情操，也可以实践探索，总结生活中的一点一滴，有着超乎常人的稳重和耐心。

孤独的时间是珍贵的，孤独的方式是各种各样的，怎样体会孤独就看你自己的做法了，快乐的孤独感觉是被动的，不会白白地送给你，需要你去争取去领悟。

　　孤独的最高境界就是在孤独中创造。多一份孤独的快乐，少一份无谓的浪费，在孤独中拥有了自己的一切，你会觉得自己一点也不孤独。于是，你就会明白，能够真正拥有孤独的人是世界上最幸福的人。

　　有的人面对孤独的时候往往表现得不知所措，于是会去求助友谊，梦想爱情，渴望自己的手被另一双手紧握，渴望灿烂的笑容充实荒漠的心域。其实人在孤独的时候，总是在怀旧中感受和品味曾经的生活，这时候，总是会想起曾经的故事，心情也就随之起起伏伏，悲伤的、挥不去的记忆就填满了心底，于是，悲哀着自己的悲哀，感伤的情怀就扩展开来，在这个时候需要找一个不受外界干扰的空间，自己面对自己，敞开自己心灵深处的角落，慢慢去想，想一个结果。

　　孤独的人并不是不被他人接受和理解，也不表示生活会落寞。孤独中的人可以寻找到最初想要的本真；可以感受自己的坚强信仰；可以感受人生的悲喜与无奈；也可以知道怎样去切换生活的态度。别害怕孤独淹没了你，因为孤独不是河，它是你的空间。你可以在那里找回很多久违了的感受，也可以在那里找到你心灵出发的新起点，找回你生命中最想要的东西。

　　孤独的乐趣并非人人都能享受。孤独能让一个人脆弱，也可以让一个人坚强，它可以毁灭一个人，也可以造就一个人。有的人虽然天赋极高，才华横溢，却不能面对孤独的生活。所以，他只能在空虚中逐渐消沉，在寂寞中渐渐走向死亡。耐得住孤独的人大都胸怀大志，意志坚定，他们把孤独当作一种考验和挑战，顽强地与人生的困苦抗争，默默地进行艰苦的创造性劳动，这样，终究会有所建树的。

孤独也是一种美

孤独，是远离他人的坚强。

在我们的传统观念里，一提及孤独，人们往往觉得可怜可悲，"形影相吊"、"孑然一身"等词语会迅速蹿入我们的思想中。这其实是浅层次的感受。真正深层次的孤独，则是一种高尚的修养，是心灵的宁静，是灵魂的洒脱。孔子说："德不孤，必有邻。"一个人默默地做着自己喜欢的事情，认真工作的时候，是不孤独的，这个时候孤独也是一种美丽。

有的人即使长期孤灯独处，过得也很充实；有的人即使夜夜狂欢，心里也有无边的寂寞。关键在于你的精神世界是否充盈。雨果说："孤独是一笔财富。"从另一个意义上说，学会孤独、拥有孤独也是一种福气。面对窗前明月，泡上一杯清茶，翻阅一卷好书，听一曲清幽古乐，任情遨神游，让人生少些浮躁和媚俗，多些平静和安详，难道不是一种享受吗？

赫胥黎说："越伟大、越有独创精神的人越喜欢孤独。"有人因美丽而孤独，有人因智慧而孤独，有人因处处受挫，丧失自己朝夕相处的朋友、伴侣、宠物而孤独，理想追求遭到挫折也是一种孤独。

每一个站在最高处的英才，都是在人生的漩涡中耐得住孤独的人。刘勰终生与大自然为伴，就是这种孤独成就了开中国文艺理论先河的《文心雕龙》。齐白石说："画者，寂寞之道。"他十载关门，研究画法，声言"饿死京华，公等勿怜"，最终成就了一番事业。23岁就获得哲学硕士学位的黑格尔，躲在偏僻的伯尔尼当了六年家庭教师，在孤独中摘抄了大量卡片，写了大量的笔记，最终成为德国古典哲学集大成的伟大理想家和美学家。

孤独对很多人来说，往往是一种难以忍受的情感，是一种感到自己情感无法沟通，孤立无援的心理感受。一个独居深山的人并不是孤独，一个身居闹市的人也并不是不孤独，人数的多少并不能决定是否孤独。其实，孤独是一个人的上进心问题，一个上进心强的人，在生活中努力拼搏，忙得不亦乐乎，哪有孤独可言；而一个碌碌无为，不求上进的人，孤独便成了他打发时间的唯一途径。狄德罗说："忍受孤独或者比忍受贫困需要更大的毅力，贫困不过是降低人的身价，但是孤独就会败坏人的性格。"

但孤独对于文学家来说却是难得的财富，孤独催生了他们的创作。孤独也是对人类做出伟大贡献的哲人圣者的宝贵财富，他们总是在淡泊中反省，在深思中明志。于是在孤独中走出了康德，走出了黑格尔，走出了一个哲学的时代。然而，孤独有时也是一种无奈，一种不被接受的放逐，如果自己不被理解，不如扭过头去，一个人流浪。要知道世间庸俗总是排斥独特，渺小总是毁谤伟大，一座山峰的峰顶总是高于基座，所以注定孤独。

善于孤独者可以保持独创精神及与众不同的思维，因为孤独的人不为别人的意见、习惯、判断所左右，从而在自己的事业上有所建树。

所以，主要的是如何对待孤独。当你把孤独当作尊贵的天使加以迎接时，它便成为宁静，你可在宁静中唤起记忆的甜蜜；或在独处中得以超脱，激发创作的火花；或用它来梳理纷乱的情感，重新步入正常的轨迹。正如科学家巴斯德所说："告诉你我达到目标的奥秘——坚持孤独精神。"可是如果你把孤独当作无聊的乞丐加以打发时，你便更感寂寞。此时，炙热的内心在故装冷漠的外表之下煎灼着你，使你坐立不安，正如诗人所言"自卑的孤独者是世界上最可怜的人"。

走出孤独的方式有很多种，你可以去从事自己最擅长能激发所有兴趣的活动，比如旅游、爬山、打球、交友、探亲等，全身心忘我地投入到工作或活动中，便可忘记孤独；走出孤独，你也可以读一本好书，思考人生的哲理；走出孤独，你可以找个属于自我的空间和时间，想一想自己的今天和未来；走出孤独，要学会静心，此时的表现往往容易草率行事，谋定而后动才是一种成熟的表现。

孤独如果无法回避，就不如享受一番。人生在世，谁也难免孤独，与其在孤独中无趣地打发时光，不如在孤独中把生活调节得有滋有味，躺在孤独的海洋里，品味一份属于自己的宁静，思索人生的真谛。

奋斗在平凡中闪光

读懂寂寞，寂寞便不再是寂寞。

曾经西方有位哲人在总结自己一生的时候这样说："在我整整75年的生命中，我没有过过四个星期以上真正的安宁日子。这一生只是一块必须时常推上去又不断滚下来的岩石。"所以，追求宁静，或者是追求寂寞对许多人来说成了一个梦想。由此看来，寂寞并不是每个人都能享受的。

现实生活中，有很多的人害怕寂寞，时时借热闹来躲避寂寞，麻痹自己。红尘万丈，已经很少有人能够固守一方清静，独享一份寂寞了，更多的人脚步匆匆，奔向人声鼎沸的地方。殊不知，热闹之后的寂寞更加寂寞。可见寂寞并不是每个人都会享受的。

很多的人总是会把失意、伤感、无为、消极等与寂寞连在一起，认为将自己封闭起来就是寂寞，其实不是这样的。倘使这样去生活，不仅限制生命的成长，还会与现实产生隔阂，这样的人只能逃避生活。而懂得了寂寞，便能从容地面对黑暗，将自己化作一杯清茗，在轻啜深酌中渐渐明白，不是所有的生长都成熟，不是所有的欢歌都是幸福，不是所有的故事都会真实，有时，平淡是穿越灿烂而抵达美丽的一种高度，一种境界。

　　当寂寞来临的时候，轻轻合上门窗，隔去外面喧嚣的世界，默默独坐灯下，平静地等待身体与心灵的一致，让自己从悲观交集中净化思想。你静静地用自己的理解去解读人世间风起云涌的内容，思考人生历程中的痛苦和欢悦。当你真实窥见了人生的丰富与美好，生命的宏伟和阔大，让身心平直地立在生活的急流中，不因贪图而倾斜，不因喜乐而忘形，不因危难而逃避，你就读懂了寂寞，理解了寂寞。于是，寂寞不再是寂寞，寂寞成了一首诗，成了一道风景，成了一曲美妙的音乐。于是，寂寞成了享受，使我们终于获得了人生的宁静。这是寂寞的净化，它让人感动，让人真实而又美丽。

　　寂寞是人们心灵的避难所，会给你足够的时间去舔舐伤口，重新以明朗的笑容直面人生。只有对未来进行抗争的人，才会有面对寂寞的勇气；昔日拥有辉煌的人，才有不甘寂寞的感受。为了收获而不惜辛勤耕耘流血流汗的人，才有资格和能力享受寂寞。

　　寂寞是一种难得的感受，只有在寂寞的时候，你才能静下心来悉心梳理自己烦乱的思绪；只有在寂寞的时候，你才能让自己成熟。

　　寂寞是一种心境，氤氲出一种清幽与秀逸，思绪逃离了城市的喧嚣，营造出一种自得和孤高，去获得心灵的愉悦，获得理性的沉思，与潜藏灵魂深层的思想交流，找到某种攀升的信念，去换取内心的宁静、博大致远的境界。

尝试新天地

独处没有那么可怕。

我们一定会认为，喜欢独处的人，一定是一个孤傲的，或者是一个漠然的人。殊不知，没有一份执着，没有一份坚忍，没有一份平和，是无法承受那样的寂寥落寞的。独处的人，就像是清晨静静开放的白色曼陀罗，孤芳自赏，傲然孑立。

每个人总是对独处怀着天生的恐惧。偶然的独处，也是在被挤得喘不过气来之后，所做出的暂时躲避。但不用多长时间，他们又将回到人群中，回到他们固有的生活模式上去，因为，他们无法忍受长时间独处的清淡和寂寞。

有个家庭，在经过了几年的省吃俭用之后，攒够了购买去往澳大利亚的下等舱船票的钱，他们打算到富足的澳大利亚去谋求发财的机会。

为了节省开支，妻子在上船之前准备了许多干粮，因为船要在海上航行十几天才能到达目的地。孩子们看到船上豪华餐厅的美食都忍不住向父母哀求，希望能够吃上一点，哪怕是残羹冷饭也行。可是父母不希望被那些用餐的人看不起，就守住自己所在的下等舱门口，不让孩子们出去。于是，孩子们就只能和父母一样在整个旅途中都吃自己带的干粮。

其实父母和孩子一样渴望吃到美食，不过他们一想到自己空空的口袋就打消了这个念头。

旅途还有两天就要结束了，可是这家人带的干粮已经吃光了。实在被逼无奈，父亲只好去求服务员赏给他们一家人一些剩饭。

听到父亲的哀求，服务员吃惊地说："为什么你们不到餐厅去用餐呢？"父亲回答说："我们根本没有钱。"

"可是只要是船上的客人都可以免费享用餐厅的所有食物呀！"听了服务员的回答，父亲大吃一惊，几乎要跳起来了。

如果他们当时肯问一问就不至于在一路上都啃干粮了，他们不去问船上的就餐情况，最根本的原因就是他们没有尝试的勇气，因为他们在自己的脑子里早就为自己定了一个门槛，于是他们就错过了十几天享受美食的机会。

勇敢尝试会有两种结局，一种是你成功了，迎向了新的生活；另一种是你失败了，还在既有的格局中扑腾。但是不论结局如何，只要勇敢尝试，就等于你已经迈出了成功的第一步。

人生就是在一次次不断地尝试中更上一层楼的。勇敢的尝试就是跨出成功的第一步，每一个人都有能力实现自己的理想，我们都生活在希望之中，我们必须要学会尝试，不能退缩，不去尝试怎能知道你不行呢？

人间人有千万种，美的形式也是千姿百态，但只有适合自己的，才是最好的。既然独处，就要面对；既然享受清雅和自由，就要承受孤独和凄凉。一曲音乐，一段文字，一份心绪，抑或是淅淅沥沥的雨声，都能让我们感动。我们总是渴望征服，征服某件事，征服某个人，甚至征服整个世界。为何就不能用自己的心，去感动一些人、感动一些事、感动整个世界呢？假若说有一天，有一双征服的眼睛挑战着我们，那我们一定会告诉对方："你别企图征服我们，只要让我们感动，就已经打开了我们的心扉。"

有朋友的人生是幸福的人生

朋友，总是会在你走向黑暗时，为你点亮明灯。

人生就像一次旅行，在途中总会遇见很多的人，有的人成了朋友，有的人却依然陌路。那么什么是朋友呢？朋友是为你解决困难的人；朋友是你前进中给你指明方向的人；朋友是与你知心的人；朋友是关爱你的人；朋友是与你朝夕相处的人；朋友是不会因为你存在着一些微不足道的缺点，而到处乱讲的人。

朋友是阳光，朋友是月亮，朋友是星星，朋友是在你走向黑暗的时候，为你点亮明灯的那个人。朋友是不会因为你现在处于困难时期，而离你远去的人。朋友是不会因为你处在人生低谷的时刻而抛弃你的人。朋友是不会在你的伤口上再撒上一把盐的人。朋友不会因为小人对你的栽赃，而远离你的人，而是在这个时候，伸出援助的手来关心你、关怀你的人。

真正的朋友不会"随风倒"，不会对有用的人就阿谀奉承，对无用的人就一脚踢开。真正的朋友不会见利忘义。真正的朋友是有道德的，在你有困难的时候，他不会对你施加任何的压力，对你施加让你喘不过气的做法。真正的朋友会是理智的，会是有头脑的。真正的朋友不会对你有私心的，他会在你需要帮助的时候，不顾一切地对你呵护，他会是一直对你最忠诚的人，他会承诺你们以前的一言一行，不会因为你暂时的不顺利，而把你忘掉。

我们的人生中，会有很多的朋友，与朋友交往上，不能千篇一律，你有你的方法，我有我的追求，结交朋友要靠诚心和真心，结交朋友要靠自己的为人。真正的朋友不会在你为难的时候离开你，如果你为此难过的话，大可不必，为了这样的朋友伤心难过是不值得的。在与朋友交往的问题上，要多结交朋友，在朋友最需要你的时候，你不要袖手旁观，不要对朋友远离，这样的朋友才是真正的朋友。

友谊是在人的一生中不可缺少的，我们都渴望友谊，我们都珍视友谊。朋友是真诚的，朋友是真心的。有朋友的人生是幸福的人生。

第六辑

云在青天，水在瓶

　　静心是清明，是漫漫红尘中的一段静守。面对生活中的五颜六色，起起伏伏，得得失失，心平气和，安然淡定。内心安宁，摒弃浮躁，生活就会一片碧海青天。

心如莲花，人生就会一路芬芳

我们的心本来是自然的、清净的，不造作，不染纤尘。

一位心理专家曾问过无数人："什么是人生美事？"人们大都列出一张清单：权力、美貌、健康、才华、爱情、财富……心理专家摇摇头，开出一剂"良药"——保持心灵的宁静，并叮嘱道："没有它，上述种种都会给你带来极大的痛苦！"

当今社会压力重，诱惑多，人需要修养，需要宁静，心是最大的净土。如果没有良好的心态，就会终日为生计奔忙，加重生命的负担，加速心灵的浮躁，终使自己心力交瘁、迷惘躁动，而与豁达康乐无缘。

世上本无枷，心锁困住人。检查一下生活，相信会发现许多例证：没有恋人想恋人，结婚以后吵闹甚至要离婚；没有子女想子女，有了子女累老人；没有权力想权力，有了权力宠辱皆惊……这样下去，何来安然可言？这方面的例子不胜枚举，而这些痛苦都是自己找的。

惠能是中国禅宗的第六祖，有一次他去广州法性寺，值印宗法师讲《涅槃经》，有幡被风吹动，因有二僧辩论风幡，一个说风动，一个说幡动，争论不已，惠能便插口说："不是风动，不是幡动，仁者心动。"

这个典故深刻地点明了万物皆空无、一切唯心造的哲理。也就是说，心静，周围乱也变静；心乱，周围静也乱。

世间万物皆有心，天有天心，天心静，则万籁俱寂，幽然而静美；人有人心，人心静，则心若碧潭，静如清泉……我们的"心"时时刻刻受到外部世界的冲击，若想做智慧之人，过行云流水的生活，就要使心安住于平静的状态，从而不向外追逐。心静是心安的起点，一念心清净，处处莲花开。

一天天气酷热，唐朝诗人白居易前往拜访恒寂禅师，却见恒寂禅师在房间内很安静地坐着。白居易就问："禅师！这里好热哦！怎不换个清凉的地方？"

恒寂禅师说："我觉得这里很凉快啊！"

白居易深受感动，于是作诗一首："人人避暑走如狂，独有禅师不出房；非是禅房无热到，为人心静身即凉。"

无论外界如何变幻，让自己的心静一点，再静一点，留给自己一方安宁的晴空，留给自己一隅思索的空间，最容易达到"致虚极，守静笃"的境界，让自己释放和释然，让自己成熟和理智。这种精神修养与心理上的抗干扰能力有着绝对关联，它无法馈赠和积存，只有靠个人修养与定力去体会。

事实上，我们的心本来是自然的、清净的，不造作，不染纤尘，只是被无明的烦恼障蔽后才变得杂乱染垢，念念无常，如同湖面起了波涛。因此，我们需要时常进行自我净化，随时去观照自己的心念，是不是起执着？是不是固执己见？如此慢慢摆脱我们身心错误的妄执和贪恋，把内心的世界清净，化烦恼为菩提。

有一个人每天都从自家花园里采撷鲜花到寺院供佛。一天，当他正送花到佛殿时遇到了一位禅师，禅师欣慰地说："你每天都虔诚地来以香花供佛，依经典的记载，常以香花供佛者，来世当得庄严相貌的福报。"

信徒非常欢喜，问道："的确，我每天前来寺里礼佛时，自觉心灵就像洗涤过似的清凉。但是奇怪的是，我一回到家，心就烦乱了，请问我如何才能在喧嚣的世事中保持一颗清净纯洁的心呢？"

"你每日以鲜花献佛，相信你对花草会有一些常识。那么，我想请问，花朵如何保持新鲜呢？"禅师反问道。

"这是一个很简单的道理啊，"信徒答道，"保持花朵新鲜的方法莫过于每天换水，并且在换水时把花梗剪去一截，因花梗的一端在水里容易腐烂，腐烂之后水分不易被吸收，就容易凋谢！"

禅师道："保持一颗清净的心道理也是一样，我们的生活环境像瓶里的水，我们就是花。唯有心静一点，不断地忏悔和检讨，改进陋习和缺点，不停地净化身心，我们才能不断吸收到大自然的食粮。"

心静，是生活的一种思考，是人生的一种境界，更是安心的必要智慧。

在竞争激烈的现代社会，很多人忙忙碌碌，几乎没有一分钟是清静的、清闲的，曾几何时我们感叹：工作太忙了、事情太多了、应酬太多了，难得有几天清静的日子。如此看来，保持一颗净心就显得尤为重要了。不管外界多么繁乱，内心依旧清净安详，一尘不染，这就是定力。

每天为自己留出十分钟来安静一下，从声色繁华中超脱出来，用智慧随时去观照自己的心念，在宁静中深思和检讨自己，这个时间我们能够承受得起，也能够消受得起。如果你能做到，那么你就将唤醒内心的纯净与宁和，如清淡出尘的莲花一样，淡然绽放，散发出生命的馨香。

云在青天，水在瓶

云在天空，水在瓶中，这是事物的本来面貌。

《洗心禅》里有这么一个典故。

李翱是唐代思想家、文学家，哲学上受佛教影响颇深，他认为人性天生为善，非常向往药山禅师的德行，他在担任朗州太守时曾多次邀请药山禅师下山参禅论道，均被拒绝，所以李翱只得亲自登门造访。那天药山禅师正在山边树下看经，虽然是太守亲自来拜访自己，但他毫无起迎之意，对李翱不理不睬。

见此情景，李翱愤然道："见面不如闻名！"便拂袖而出。这时，药山禅师冷冷地说道："太守怎么能贵耳贱目呢！"一句话使得李翱为之所动，遂转身礼拜，一番攀谈后请教"什么是道"，药山禅师伸出手指，指上指下，然后问："懂吗？"李翱道："不懂。"药山禅师解释说："云在青天，水在瓶！"

"云在青天，水在瓶"，药山禅师短短的七个字蕴涵着两层意思：一是说，云在天空，水在瓶中，这是事物的本来面貌，没有什么特别的地方，只要领会事物的本质、悟见自己的本来面目，也就明白什么是道了；二是说，瓶中之水好比人心，如果你能够保持清净不染，心就像水一样清澈，不论装在什么瓶中，都能随方就圆，有很强的适应能力，能刚能柔，能大能小，就像青天的白云一样，自由自在。

其实，"云在青天，水在瓶"不能仅仅成为禅师们启发信徒的一句诗偈，它还应该成为我们为人处世的一种智慧。这是一种淡泊而高远的境界，源于对现实的清醒认识，追求的是沉静和安然，是洞悉人世之后的明智与平和，即保持一种荣辱不惊、物我两忘的平常心，这也是我们现实社会人最难得的精神状态。

的确，在这个个性张扬的现代都市中，不少人心被撩拨得蠢蠢欲动，不是为名利的患得患失所劳役，就是被人际的钩心斗角所左右，随之而来的必然是痛苦和烦恼。拥有一颗平常心，对待周围的环境做到"不以物喜，不以己悲"，对待周围的人和事做到"宠辱不惊，去留无意"，内心也就获得了平静。

弘一法师俗名李叔同，清光绪年间生于富贵之家，是一位才华横溢的艺术家，是名扬四海的风流才子，他集诗词、书画、篆刻、音乐、戏剧、文学等于一身，在多个领域中开创了中华灿烂文化之先河，用他的弟子、著名漫画家丰子恺的话说："文艺的园地，差不多被他走遍了……"

但正当盛名如日中天，正享荣华之时，李叔同却抛却了一切世俗享受，到虎跑寺削发为僧了，自取法号弘一。出家24年，他的被子、衣物等，一直是出家前置办的，补了又补，一把洋伞则用了三十多年。所居房内异常朴素，除了一桌、一橱、一床，别无他物；他持斋甚严，每日早午两餐，过午不食，饭菜极其简单。弘一法师还视钱财如粪土，对于钱财随到随舍，不积私财。除了几位故旧弟子外，他极少接受其他信徒的供养。据说曾经有一次，有人赠给他一副美国出品的白金水晶眼镜。他马上将其拍卖，卖得500元，把钱送给泉州开元寺购买斋粮。

弘一法师以教印心，以律严身，内外清净，写出了《四分律比丘戒相表记》、《南山律在家备览略篇》等重要著作……他在宗教界声誉日隆，一步一个脚印地步入了高僧之林，成为誉满天下的大师，中国南山律宗第十一代祖师。正因为此，对于李叔同的出家，丰子恺在《我的老师李叔同》一文中说："李先生的放弃教育与艺术而修佛法，好比出于幽谷，迁于乔木，不是可惜的，正是可庆的。"

前半生享尽了荣华富贵，后半生却剃度为僧。这种变化，在常人看来觉得不可思议，甚至在心理上难以承受，而弘一法师却以平常心淡定自然地完成了转化，坚持修行严谨的律宗，并且做得平心静气，淡然地享受着"绚烂之极归于平淡"的生活，最终收获了人生的极致绚烂。没有一颗对待荣华富贵的平常心，对待人生际遇的平常心，能达到这种"云在青天，水在瓶"的境界吗？

由此可见，以平常心面对一切荣辱不是懦夫的自暴自弃，不是无奈的消极逃避，不是对世事的无所追求，而是人生智慧的升华，是生命境界的觉悟。这需要修行，需要磨炼，一旦我们达到了这种境界，就能在任何场合下，保持最佳的心理状态，充分发挥自己的水平，施展自己的才华，从而实现完满的"自我"。

明朝学者洪应明在《菜根谭》上说："此身常放在闲处，荣辱得失谁能差遣我；此心常安在静中，是非利害谁能瞒昧我。"意思是说，经常把自己的身心放在安闲的环境中，世间所有的荣华富贵和成败得失都无法左右我，经常把自己的身心放在安宁的环境中，人间的功名利禄和是是非非就不能欺骗蒙蔽我了。

的确，现代都市人难免遭到不幸和烦恼的突然袭击，有一些人面对从天而降的灾难，处之泰然，总能使平常和开朗永驻心中；也有一些人面对突变而方寸大乱，甚至一蹶不振，从此浑浑噩噩。为什么受到同样的心理刺激，不同的人会产生如此大的反差呢？原因正在于能否保持一颗平常心，荣辱不惊。

保持一颗平常心，意味着面对任何事不骄不躁，"以出世之心，做入世之事"；保持一颗平常心，意味着压力下收放自如，始终有心情去感受宠辱不惊，花开花落的自在。凡事用一颗平常心去看待，像天空中的浮云与瓶中的水那样静态，即使不能改变自己的命运，也能将心态调至最佳状态，领悟到生活的真谛。

事事平常，事事不平常。平常心看似平常，实不平常。

花，自开自落

随性随缘，随遇随喜。

每日奔波在现代都市中，不如意之事十有八九。当被不顺心的事情纠缠时，我们很多人会产生郁闷、焦虑、激愤等情绪，心有滞碍，甚至倍感无所适从。这时候，与其纠结不休，不如选择顺其自然，顺其自然也许是最好的选择。

花在开谢时随着季节的转换，水在流淌时依据地势的变化，树在摇摆时是顺着风的方向，它们都懂得顺其自然的道理，所以它们是快乐的。让很多事顺其自然，你会发现你的内心会渐渐清朗，思想也会减轻许多负担！

关于顺其自然，有这样一个故事。

三伏天里，禅院的草地成片成片地枯黄了，了无生机，很难看。小和尚看不过去，就对师父说："师父，快撒点种子吧！"师父挥挥手说："不急，等天凉了，随时！"中秋了，师父买了一包草籽，叫小和尚去播种。

不料，一阵风起，虽然草籽撒下去不少，但也吹走不少。小和尚既着急又苦恼地说："师父，好多草籽都被风吹走了。"师父回答："没关系，被风吹走的都是空的，即便撒下去也发不了芽。担什么心呢？随性！"

草籽撒上了，一群小鸟飞来了，在地上专挑饱满的草籽吃。小和尚急忙把小鸟们都赶走了，然后向师父报告说："不好了，撒下的草籽都被小鸟吃了！"师父慢悠悠地说道："没关系，种子多着呢，吃不完，随缘！"

半夜时又来了一阵狂风暴雨，把地上的草籽冲走了。小和尚急匆匆地叫醒师父："师父，不好了，草籽被雨水冲走了不少。"师父只是翻了翻身，淡淡地说道："冲就冲吧，不用着急，草籽冲到哪儿就在那里发芽，随遇！"

过了几天，往日光秃秃的地上冒出了不少嫩草，连没有播种到的地方也有。小和尚高兴地拍手："师父，快来看啊，到处都是发芽的小草。"师父却依然平静，回答："应该是这样吧，随喜！"

本故事中，该师父讲的"随"，就是指顺其自然。顺其自然是一种顺应天命、随遇而安的人生态度，不抱怨、不躁进、不过度、不强求，悲哀和欢乐就不会占据我们的内心，这有利于我们放松紧绷的心弦，心平气和地看待万千变化。正是由于具备这种处世智慧，该师父面对各种变化时才会那么从容不迫、镇定自若。

可见，顺其自然并非消极的等待，更不是听从命运的摆布。它更多的是指凡事不必刻意强求，保持一种内心上的安定和淡然，心中保持清明，没有妄情、妄念、妄想，让心境平和淡然，顺天而行。一个人若能淡然笃定地掌控自己的内心，无疑会最大限度地发挥主观能动性，因势利导，取得成功。

有一位老主管在自己的岗位上工作了十多年，一天上级领导突然通知他，由于突发的经济危机，他被裁员了。对于他的家人来说，这样的结果是一个极大的打击，他们都希望他能够恢复原来的职位。不过，老主管却在自家的小菜园上种里了菜，过起了平民百姓的生活。

他的家人看到这个情形都心急如焚，劝告他说："你这是在干什么呀？工作都没有了，怎么还有心情做这些事情啊？"而他却丝毫不在乎地说："事情既然已经发生了，又何必强求改变呢？更何况这样的生活也没有什么不好啊？"

顺其自然不是放任自流，而是顺势而为，在某种程度上做到了顺势也就等于造了势。水从上而下、从高到低，顺应地势流淌，顺能通之道而游。水似乎没有自己的选择，它只能顺其自然。但这种生存方式，却使它拥有了一份平静之美，而且最终实现了归海的目的。水是如此，人亦如此。

生活不可能是一马平川，一生坦途的，我们只有对生活进行最大程度的认知才能活得快乐，而最好的对策就是"顺其自然"。多一点顺其自然之举，不以物喜，不以己悲，保持一种恬淡快乐的心情，保持一种无欲无求，无拘无束，无挂无碍的上好心境，如此就是快乐的人生了！

一个人能否拥有智慧，关键就是看他能否做到顺其自然。

药山禅师是一个很了不起的智者，他有两个徒弟，一位是云岩，另一位是道悟。

有一天，药山禅师带着云岩和道悟出远门，行到某处的时候，他见一棵树长得很茂盛，而另一棵树却只剩下枯黄的枝叶，便想借机示教，于是便指着两棵树问道："在你们眼中，哪棵树更好？"

"当然是茂盛的那棵树好了，"云岩抢先作答，"荣代表着欣欣向荣，是生命的象征。"

"枯的好，"道悟争辩道，"枯，万物归天，一切皆空。"

药山禅师笑而不语，这时候，旁边走来一个小沙弥，于是药山禅师又问了问小沙弥："这树是荣的好，还是枯的好？"只见小沙弥淡然一笑，回答道："荣的任他荣，枯的任他枯。"

好一个"荣的任他荣，枯的任他枯"，小沙弥心底的那份从容、淡定、宁静，显露无疑。无论外界怎样的喧嚣变幻，自己的内心都风平浪静、波澜不惊，这是一种绝佳的禅意姿态，也是心理学中的最高境界。

世人总是觉得生活沉重，但试问有几人真正懂得顺其自然？逃避世间任何发生在自己身上的事，祈求某件痛苦的事不要发生，这只会令人活在恐惧和逃避中。所以，不如将喜与悲看作没有丝毫差别，对所有的缘分都欣然应受，主动面对和承受不幸之事，然后学会如何去驾驭命运，从容如流水。

当一个人能做到凡事不刻意强求，顺其自然地生活时，也就能够淡定自若地笑看潮起潮落，从容不迫地掌控生活。西方哲人蒙田就曾告诫我们："人生最艰难之学，莫过于懂得自自然然过好这一生。"凡事顺其自然、自然而然过好一生，对每个人来说，都是一个既简单又艰深的课题。

让人生随遇而安

失之东隅，收之桑榆。

身在变化莫测的都市中，人生际遇跌宕起伏，利益得失交错前行。人心之所以有喜有怨、有爱有恨，纷乱复杂，起伏不定，甚至沉陷于各种情绪的泥淖不能自拔，是由于我们有分别心，太过执着于自己的得失，得之喜，失之忧，不能做到得失从缘，随遇而安。

"风来疏竹，风过而竹不留声；雁过寒潭，雁去而潭不留影。故君子事来而心始现，事去而心随空"。这是古人对随遇而安的解释，意思是说，万事万物到头来都是一场空，所以应当抱有随遇而安的态度，事情来了就尽心去做，事情过后心情要立刻恢复，保持自己的本然真性于不失。

一天，福州罗山道闲禅师去拜会石霜禅师。一番攀谈后，询问："我自认为我内心的灵知灵觉已经出现了，可为何我总被一大堆纷乱的念头束缚住呢？在这种起伏不定的时候，我该如何用心修禅？"

石霜禅师回答说："你最好是正视它，直接把各种念头抛弃掉。"

道闲对这个答案不太满意，便又去请教全豁禅师，问了同样的问题。

全豁禅师轻轻一笑，回答："该止的时候它自然会止，你从缘好了，管它们干什么！"

的确，人生际遇不是个人力量可以左右的，此时与其怨天尤人，徒增苦恼，不如面对现实，随遇而安，因势利导，有也好，无也好，多也好，少也好，甚至光荣也好，侮辱也好，都不要太在意，从已有的条件中尽自己的力量和智慧去发掘新的道路，这才是求得快乐宁静的最好办法。

不计较穷通得失、顺利有无，遇到什么事情都能接受。生活给了什么，就坦然承受什么，这就是得失随缘，随遇而安！随遇而安，能适应各种环境，在任何环境中都能满足，这就寻求到了一种生命的平衡。谁能达到这种境界，谁的生活就美好，谁的生命就有质量，在生活中就能活得自在。

北宋大文学家苏东坡有一首诗，写他在西湖上与友人饮酒遇雨："水光潋滟晴方好，山色空蒙雨亦奇。欲把西湖比西子，淡妆浓抹总相宜。"这对湖光山色的生动描写，不正是大师面对人间拂逆事镇定自若、坦然自适的人生态度的生动写照吗？

苏东坡的一生可谓仕途坎坷，他一再被政敌排挤，几次被贬谪，还差点走上断头台。34岁时，因与王安石意见不合，他被贬出京到杭州做通判。44岁任湖州知府时，以文字遭诮，被控入狱；获释后，45岁被贬谪黄州；54岁那年，因与朝中权贵意见相左，由原来调越州改调知杭州；59岁那年，远调岭南边地。然而，他一生达观，随遇而安，留下的诗文中很少有悲观厌世之作，而且尽量追求人生的意义与生活的乐趣。

在"乌台诗案"遭贬后，全家人都为苏东坡担心而哭泣，可他却留下"乱石穿空，惊涛拍岸……一尊还酹江月"等诗词，其境界之宏大，气魄之雄伟，一腔赤心、壮志难酬的感慨昭然若揭；被贬黄州时，苏东坡失去薪俸，身陷"安步以当车，晚食以当肉"的窘境，他却能放下身段，带着一家老小十数口开荒播种，喂养家禽，实现了丰衣足食；晚年贬谪海南，苏东坡一再高歌："他年谁作舆地志，海南万里真吾乡"、"九死南荒吾不恨，兹游奇绝冠平生"……表现了对流放海南的不悔不怨之情。这样达观的态度是历代被流放海南的众多政客们无法相比的。此外，爱郊游、爱访友、爱谈禅论佛等爱好，苏东坡在海南一样也没丢。

虽然一生仕途坎坷，被流放于蛮荒之地，甚至被严刑拷打、几乎丧命，但是苏东坡依然自得其乐，微笑接受，大处着眼，随遇而安，保持着乐观开朗的心态。他留给我们的不仅是一篇篇气势磅礴，格调雄浑的千古名文，更多的是他那心灵的喜悦，是他那思想的快乐，是万古不朽的豁达心怀。

人生没有永远的坦途，人生的际遇千差万别，有的生于有权势有地位的家庭，有的出生在普通老百姓家；有的走到哪儿都伴随鲜花和掌声，有的无论身在何处都不受人待见。种种差别都是正常的，面对同样的境遇有的人愤愤不平，有的人却能随遇而安，让时光把人生的棱角磨平，让岁月把人生的羁绊冲散。

的确，随遇而安是一种智慧的生活态度，它可以使人保持一颗平静的心，使人能够理性地去看待生活和工作中的得与失，起与落。谁能做到随遇而安，谁就有宁静的心灵，就能在各种逆境中"失之东隅，收之桑榆"。周围的环境不利于才能发挥的时候，我们不妨韬光养晦，随遇而安，等待合适的时机，便可一鸣惊人。

David 和 Smith 是大学同班同学，大学毕业后两人开始一起找工作。当时的就业形势非常紧张，普通工作十分难找，他们便降低了要求，到一家工厂去应聘。这家工厂正在招聘的岗位是清洁工，问他们愿不愿意干。David 略加思索后决定留下来，Smith 对这份工作是十分不屑一顾的，但是因为找不到更好的工作，并且可以和 David 一起工作，他也决定留下来了。

"堂堂大学生居然做扫地的活"，Smith 工作时没有什么积极性，上班时懒懒散散，每天打扫卫生时敷衍了事，不久就辞职不干了。与 Smith 正好相反，David 抛弃了大学生身份给自己带来的压力，完全把自己当作一名打扫卫生的清洁工，在自己的岗位上踏踏实实地工作，每天把办公室、车间都打扫得干干净净。

David 勤勤恳恳、任劳任怨的表现给老板留下了很好的印象，半年后老板就安排他给一位高级技工当学徒。由于 David 有大学的知识基础，加上他的勤奋好学，一年后他就成为一名技工。David 在技工的岗位上仍然保持一贯的工作作风，就这样过了一年他又成为了老板的助理，而此时的 Smith 却还在找寻着工作。

David 之所以取得了成功，在于他懂得随遇而安，无论是做清洁工，还是做技工，还是做老板的助理，他都顺应境遇，不去强求，客观准确地衡量自己的能力，力争把当前岗位上的工作做好。当他抛弃不切实际的想法，尽全力去完成应该做的事情后，新的机会和新的岗位自然就向他走来。

生活中很多东西，靠人力是无法得到的，比如容貌，比如机遇，比如感情。一个真正智慧的人不会执着于其间的得失，而是随遇而安，乐观面对，安于脚下的根基，把眼前的一切当作发展的动力，这是一种淡泊宁静的人生修养，这是我们一飞冲天的必备条件，这也将帮助我们攀上人生的顶峰！

总之，世上没有绝对的对与错，得与失，人生际遇往往不是个人力量可以左右的，不必过于计较，不必沉迷得失，淡然处之，随遇而安，逐步拓展心胸的宽度和广度，获得一份心灵的寂静和安然，就是最好的选择和态度。

洗去心灵的浮尘

静心聆听生命的花开。

有一位成功的商人坐拥几百万美元，他拥有四部名牌汽车，一个多达300名员工的公司，他的家是一座华丽的别墅，他的妻子美丽贤惠，儿子乖巧懂事。可以说，这个商人已经拥有了一切，然而他似乎从没有轻松愉悦过，他是位紧张的生意人，并且把他职业上的紧张气氛从办公室里带回到了家里。

下班回到家里，他打开电视机，坐在沙发上休息，但是他的心情十分烦躁不安，于是他把电视关掉了，不停地在房间里走来走去。他的妻子准备好了丰盛的晚餐，他在餐桌前坐下，他的两只手就像两把铲子，不断把眼前的晚餐——"铲"进口中。晚餐后，妻子放上了一曲美妙的曲子，他拿起一份报纸，匆忙地翻了几页，急急瞄了瞄大字标题，然后把报纸丢到地上，拿起一根雪茄。他一口咬掉雪茄的头部，点燃后吸了两口，便把它放到烟灰缸里。最后，他大步走到客厅的衣架前，抓起他的帽子和外衣，回公司工作了。

这位商人这样子已有好几百次了，弄得妻子和儿子很不高兴，而他自己的内心更是备受折磨，一晚一晚地睡不好觉，整天唉声叹气，愁眉不展。

在这个日益繁杂的现代都市中，大多数人为了获得更高的工作岗位，为了挣到更多的钞票，如同这位商人一般生活节奏越来越快，穿梭往来于浮生之中，忽略了生活中的快乐点滴。结果呢？心灵被搓揉得疲惫不堪，情绪变得焦躁不安，生活陷入枯燥乏味，更别提享受生活的情趣了。

我们工作是为了满足生活之需，让自己更快乐，让生活更美好，但是活着绝不仅仅只是为了工作。认为拼命挣钱就可以换得舒适生活，把自己搞得整天就跟上了发条似的，只知道一味地向前向前，连正常的生活都无法顾及，这简直是贬低了工作的价值，而且根本不是生活的真意。

唯一可以改变这种状态的办法便是保持心灵的平静，累了就让烦乱的心灵小憩一下，暂时将生活和工作的压力抛在脑后，静心来听一听来自生命的声音，听一听它真正需要的是什么！是需要金钱？是需要荣誉？还是需要幸福？细心体味生活的点滴，这就犹如用一根希望的绳子，把我们拉出了泥沼。

美国作家约瑟夫·坎贝尔说："我们真正要探寻的不是生命的意义，而是活着的体验。"逃避不了城市的喧嚣，舍弃不下名利的诱惑，没有淡泊宁静的心灵，心灵当然无法解脱世俗牵绊。放下快节奏的脚步，让此刻的自己松懈下来，静坐而听，多几分从容，少几分纷扰，就是等待灵魂的开始。

因此，当你感到疲惫不堪时，不妨从生活的繁忙中抽身出来，静心聆听生命的花开，静静感受生命的存在，让灵魂追赶上来，身心合一地协调前进！渐渐地，你就会发现，内心的世界越来越平静，越来越无边，从而能够从容淡定地穿梭在世界中，也更容易感受生活的酸甜苦辣，体会人生的无限乐趣。

在亚里桑那沙漠过夏天，布莱克斯觉得自己会被热死的，因为那里炙热的高温都快把土豆烤熟了。一天，他在小镇的一个加油站给车加油时，和主人戴维森先生聊起这里可怕的夏天："这个该死的夏天，又将是炼狱般的生活！"

"为过夏天担忧，有那个必要吗？像迎接一个惊人的喜讯那样对待酷暑的来临吧，"戴维森先生说着，"千万不要错过夏天给我们的各种最美好的礼物……"

"该死的夏天能带来美好的礼物？"布莱克斯不解地问。

"难道你从不在清晨五六点起床？你想想，6月的黎明，整个天空都是玫瑰红的云彩，那是多么美妙的景观啊；7月的夜晚，一抬头就可以看到满天繁星，多么有意境啊；再想想，中午是常人无法承受的高温，这时候才能真正体会到游泳的乐趣！"

使布莱克斯惊奇的是，戴维森先生的话果然有效，他不再怕夏天了。当高温天气真的到来时，清晨，布莱克斯在晨露的凉爽中修剪玫瑰花；中午，他和孩子们舒舒服服地在家里睡觉；晚上，他们在院子里做冷饮，吃冰淇淋，真是痛快极了。整个夏天，他们还欣赏了沙漠日出和日落特有的壮观景象。

几十年之后，布莱克斯已是满头银发，但是他愉快的笑容仍然那么灿烂。他在拜访戴维森先生的时候，由衷地感慨道："我喜欢这里的夏天，而且我一点不担心变老，在这里光欣赏生活的美都欣赏不过来呢，我觉得活得有意思极了！"

看到了吧，生命是一个过程，当你静观人生的时候，美就会充斥你的生活。美是生活中的客观事物与你主观意识碰撞后迸发出的火花，是一种不带功利色彩的愉快感觉。它能使你的心灵得以净化，情感得以宣泄，精神得以满足。

用生命交织而成的声音，如同交响曲般拨动心弦，融入心境，响彻灵魂。或听春晨之鸟啼声清脆，生命在其啼声中涌动如斯；或听夏夜虫鸣婉转流畅，感受生活的细而绵长；或听秋夜之雨淅淅沥沥，温柔地打在瓦片上，如同自然的琴键，感觉自己的心还依然跳动。生活，正在生命之音中诗意地栖居。

生命的乐趣绝不在于不断地奔跑，而在于感受多样多彩的过程。再怎样疲惫或忙碌，也要懂得停下匆忙的脚步，抛开一切给你造成压力的人或事，静心聆听生命的花开，等待自己的灵魂赶上来，身心合一地协调前进。这样，安心的感觉便会不期而至——如同踮起脚尖，触摸到阳光。

不争，人生的至境

不争，心自宁。

争，这是都市生活中最纷扰的一个字。这个世界的吵闹，喧嚣，摩擦，嫌怨，钩心斗角，尔虞我诈，都是争的结果。明里争，暗地争，大利益争，小便宜争，昨天争，今天争，你也争，我也争，甚至恣意妄行，胡作非为。

然而，争又得到了什么呢？权钱争到手了，幸福不见了；名声争到手了，快乐不见了；非分的东西争到手了，心安不见了。也就是说，你绞尽脑汁，处心积虑争到手的不是幸福，不是快乐，不是心安，而是烦恼，痛苦，仇怨。

有一对要好的朋友出外旅行，在路上遇见了一位白发老者。老者说："我是天上的神仙，见到你们非常高兴，我给你们准备一个礼物，如果你们当中的一个人先许愿，愿望就会实现，而另一个人就可以得到那愿望的两倍！"

听完老者的话，这两个人心里都开始算计起来。一个人心想："如果我先许愿，他就能够得到双倍的礼物！这样对我来说太不公平了，一定要等到他先讲！"而另外一个人也盘算着："我怎么可以先说出愿望，让他获得加倍的礼物，那我岂不是很吃亏？"于是，两个人互相推来推去，谁也不肯先许愿，让对方占了便宜。

两人推辞了半天，其中一人生气地说："你要是再不许愿的话，我就把你掐死！"另外一人心想，既然你这么无情无义，就别怪我心狠手辣了，于是心一横，说道："好吧，我先说出愿望！我的愿望就是，希望我的一只眼睛瞎掉！"立刻，他的眼睛瞎掉了一只，而他的朋友两只眼睛都瞎掉了！

这两个人就是因为争好处，结果两个人的眼睛都瞎掉了，他们不但无法再继续他们的愉快之旅，而且也失掉了最宝贵的情谊。此后，两人的生活恐怕就只有黑暗和痛苦了。足见，争，就会有争辩、争斗、战争，就会有利益心、名利心、俗世心，就会玷污如水的心灵，实际上是"捡了芝麻丢了西瓜"。

"夫唯不争，故天下莫能与之争"。老子一言，使不争成为智慧的代名词。从字面上看，这句话有些矛盾，既然不争，怎么天下人都争不过他呢？事实上，这里的不争不是一种消极沉沦、两耳不闻窗外事的与世无争，而是建立在知晓事物变化规律之上的豁达。其意在于：不争不该得到的，不争得不到的，不争得到了也没有益处的。

不就一事争长论短，不急一时较之高低，不较一时得失成败。"不争"是一种圆融，是一种智慧，是一种境界。保持心灵的平静，只有做到"不争"，才能摒除烦恼苦难，清除心灵繁芜，刹那间，万籁俱寂，恬静出尘。

一户人家找附近寺庙的一位僧人作法事，事后主人发现家中丢失了 20 两白银，他怀疑是僧人所为，便气势汹汹地到寺院问罪。僧人明白施主的来意后，并不多言，直接取出白银 20 两说："施主请把银两拿回去吧。"

这个人抓过银子气冲冲地走了，谁知等他回到家中，妻子却告诉他，因为临时有急事，她拿走了银子没有及时交代。此人听后感到非常内疚，万分羞愧，连夜到寺庙送还银两，并向僧人道歉。

僧人接过银子只说："阿弥陀佛，善哉，善哉！"

一个有口皆碑的大师在被人诬陷偷银两时还能泰然处之、不怒不争、不计得失，这样的人生态度自然为人所敬仰与钦慕。由此可见，不战而自胜，正合乎了"上善若水，水利万物而不争"的哲学思想。

初春，百花烂漫，桃李吐芳，鲜花傲放，姹紫嫣红，竞相争奇斗艳。然而，荒凉的一角里总有一株或几株兰花不争春，不斗艳，不妖娆，不芬芳，静静地绽放。这种与人无争，与世无争，是何等崇高的品行，是何等淡定的境界啊！

在实际生活中，我们完全可以拥有这种品行和境界，而且我们有着无数个不争的理由：心胸开阔一些，争不起来；得失看轻一些，争不起来；目标降低一些，争不起来；功利心稍淡一些，争不起来；为别人考虑略多一些，争不起来……如此，你会发现，内心会一下子变宽，世界会一下子变大。

不争，这看起来简单的两个字，却往往需要人用一生去历练。英国诗人兰德直到暮年才写出了洞悉人生的《生与死》："我和谁都不争，和谁争我都不屑；我爱大自然，其次就是艺术；我双手烤着生命之火取暖；火萎了，我也准备走了。"这是平静安然的最佳写照。

拨开生命中的"迷雾"

人一旦陷入欲望的沟壑，就会变得倍加贪婪。

生在红尘凡世，霓虹都市，相信每个人多多少少都会心存欲望。欲望，是人性的本能，也是人生必然。但是，欲望一旦无度变成了贪欲，人就会失去平和的心态，导致本心、本性的迷失，精神上永无快乐，永无宁静，这样的人生犹如走在"迷雾"中，看不到前，也看不到后，步履艰难……

这一点并不难理解。欲望，是指想得到某种东西或达到某种目的的要求。人一旦陷入欲望的沟壑，就会变得倍加贪婪，总认为自己的付出与获得不成正比，总希望以最少成本获得最大回报。于是，为了满足自身的欲望，为了求得心理上的平衡，会不停地索取，不停地追逐，内心得不到片刻清净。

大海边上一栋破旧的茅草屋里住着一对老夫妻，他们无儿无女，过着非常清贫的生活，老头每天都出海打鱼，早出晚归，而妻子则在家纺纱，赚些钱以贴补家用。有一天渔夫出海打鱼，撒了好几网都一无所获，于是他决定再撒一网，要是还是什么都打不上来的话就回家。

幸运的是，最后一网却让他打上来一尾美丽的金鱼。更让人吃惊的是，这尾金鱼还会说话，它苦苦哀求渔夫说："我是大海里的金鱼公主，求您放我回大海里吧，我会报答您的，无论您有什么愿望，我都会帮您实现的。"善良的渔夫经受不住金鱼的苦苦哀求，什么要求也没提就把金鱼放回大海里了。

当看到渔夫空手而归时，妻子一直埋怨渔夫没用。渔夫听妻子数落完，把金鱼的事情说了一遍，本想能够洗脱自己的冤屈，谁想迎来的是更加严厉的指责："你这个糊涂的老家伙，你怎么可以什么愿望都没提，你看我们家穷得什么都没有，你就是要个木盆也好啊。"

渔夫禁不住妻子的一阵指责，来到大海边，对着大海喊："金鱼公主、金鱼公主……"没一会儿，金鱼浮出水面，渔夫羞愧地对金鱼说："我老婆到家把我骂了一顿，她想让我向你要一个新的木盆。"金鱼说："老爷爷，您回家吧，我会帮您实现愿望的。"渔夫刚到家，就看到自己家里多了一个又大又漂亮的新木盆，他心想：老婆有了个新木盆该高兴了吧。谁知妻子看到新木盆，不但不高兴，反而骂他骂得更厉害了，她又想要一座新房子。

渔夫无奈地再次找到金鱼说出老婆的愿望，等他回到家，他们家果然出现了一座宽敞明亮的新房子。可是他的老婆依然不满足，她想要的越来越多，她让渔夫跟金鱼说，她要城堡宫殿，还要当女王。这些愿望都实现了，这位妻子更加穷凶极恶地对渔夫说："现在我要你去告诉那条金鱼，让它过来服侍我。"渔夫没有办法，又对金鱼说出了妻子的要求。

这一次，金鱼什么都没有说，消失在大海之中。等渔夫回到家，城堡宫殿都消失得无影无踪，新房子也没有了，新木盆也没有了。他们又回到了原来清贫的生活环境，继续生活在破旧的茅草屋之中，而妻子还坐在房前用破木盆洗着衣服。

这个故事情节虽然简单，但起码说明了三个道理：一是人的欲望是不容易满足的；二是即使人的某个欲望得到了满足，其满足感所产生的快乐也维持不了多久；三是人的欲望过强，就会物极必反，渔夫的妻子被欲望蒙蔽了双眼，不懂得凡事适可而止，到最后落得一无所获的地步，又重新过上了清贫的生活。

由此可见，人如果控制不了自己的欲望，就会成为欲望的奴隶，最终要被欲望所淹没。所以，我们应该时常静下心来告诫自己：控制自己的欲望，切忌吝啬与贪婪，恪守自己的原则和信念，坚持踏踏实实地做事，如此才能少一些烦恼，多一些平和，才有精力做一些让自己真正有所收益的事情。

面临五彩缤纷的诱惑时，能够守住自己的内心，控制住自己的欲望，就能让内心安然并淡定下来。《菜根谭》中对人生之"欲"有过这样的精辟论述："人生只为欲字所累，便如马如牛，听人羁络；为鹰为犬，任物鞭笞。若果一念清明，淡然无欲，天地也不能转动我，鬼神也不能役使我，况一切区区事物乎！"

在这一点上，中国历史上的民族英雄林则徐做得非常好。林则徐光明磊落、清正廉洁，"海纳百川，有容乃大；壁立千仞，无欲则刚"。与其说这是林则徐书写的一副对联，不如说是他本人的真实写照：他不为外物所诱惑，不为浮云遮双眼，从而获得一种超然物外的自在与宁静。

林则徐所处时代正值清朝开始走向衰落、风雨飘摇的多事之秋，官场十分腐败，"三年清知府，十万雪花银"乃真实写照。在风气不正、腐败现象包围的情况下，林则徐正气凛然，执法严明，对腐败深恶痛绝，他屡次论斥权幸大臣，严厉打击邪恶势力，皇亲国戚、佞臣奸党无不惧怕。林则徐每到一任，贪官污吏便心惊胆寒，土豪恶霸便威势顿挫，穷苦百姓欢欣鼓舞。特别是公元 1838 年，林则徐抗英禁烟。外国烟贩和勾结他们的洋行商人，起初并没有把林则徐的到来放在心上。他们知道，清朝官员都爱钱，只要花些银子，没有过不了的关，可这一回他们的如意算盘打空了。"本大臣不要钱，只要你的脑袋！"林则徐大举没收鸦片，并亲自监督鸦片的销毁。

林则徐为何能如此"刚"呢？说到底，这要源于他的"无欲"。他克己奉公，两袖清风，"宁可清贫自乐，不作浊富多忧"。为官几十年，他一日三餐只吃"落斛粥"（次米熬成的粥），一切唯温饱能居而已；外任时不吃沿途州府官吏为其安排的饮食，认为当官必须坚决杜绝私欲。林则徐从无他求，从无他欲，"不作浊富"，没有任何的私心，因此才一身正气，不畏权贵，不怕丢官，不怕杀头，刚正不阿，挺立世间。

无欲，是要求人们不贪得，不妄求。"无欲自然心似水"，"无求胜于三公上"，这是古人总结出的人生哲理，旨在告诫我们要克制私欲，淡泊守志。不为外物所羁绊，不为浮云遮双眼，身心就自然清澈了。这是思悟后的清醒，更是超越世俗的大智慧，我们可将这一警语作为立身行事的指南。

面对错综复杂的都市世界，面对来自各方的种种诱惑，假如我们能够时时静下心来，守住自己的内心，舍弃功利与浮躁，克制贪婪之念，那么我们就能在障眼的迷雾中辨明方向，朝着正确的方向勇往直前，克敌制胜，也就能获得一种超然物外的自在与宁静。纵使万物入镜，心依然不染尘埃。

那些风花雪月的故事总会被岁月尘封

生活里没有风花雪月。

电视剧上唯美纯净缠绵悱恻的爱情演绎，令人心生羡慕；古今中外的名人中独一无二浪漫恒久的恩爱夫妻，更令人无比仰慕。但在凡俗里，更多的是平凡人物的平常日子，爱情，也是凡俗里的平淡生活，是柴米油盐的琐碎。

恋爱的人骨子里都是追求浪漫的，但这种浪漫情怀却很容易在柴米油盐的婚姻生活中消磨殆尽，只剩下平淡如水的日子。就连三毛都说："爱情看起来很浪漫，很纯情，可最终现实是残酷的，因为它经不起柴米油盐的烹制。"

的确，生活不是电视剧，婚姻更不是偶像剧，不会每天都有那么多的惊喜，不会每天有那么多的浪漫，它很平凡，它很平淡，但是婚姻生活的真谛就在于琐碎的柴米油盐中，实实在在的生活才是最重要的，才是生活真实的滋味。

她和他在电影院偶然相遇，一见钟情。新婚生活是美好的，两人各自忙着自己的事业，回到家就是柴米油盐，可是渐渐地喜欢浪漫的她觉得日子太过平淡，对爱人没有了心跳的感觉，她甚至觉得他不是真的爱自己，于是她提出了离婚。

男人深爱这个女子，他艰涩地问："为什么？难道你觉得我不够爱你吗？那你说，我哪里做得不好，我要怎么做，你才能改变主意？"

她说："我问你一个问题，如果你的答案我能接受，那我就选择留下。假如我非常喜欢一朵花，但是它长在悬崖上，如果你去摘，一定会掉下去摔得粉身碎骨，你还会为了我去摘吗？"

他沉默了一会儿，然后说道："我想一下，我明天早上给你答案。"

第二天早上，她醒来时他已经出去了，桌上依然像往常一样放着一碗她最爱的、热腾腾的米粥，下面压着一张他留下的纸条，上面写着满满的字。看了第一行后，她的心一下子沉了下去，但……

亲爱的：

我确定我不会去摘那朵花，理由是：

在这里住了这么久，你出去还是经常找不到方向，然后就开始哭，所以我要留着眼睛帮你看路。

别人惹你生气时，你总是不说话，喜欢一个人生闷气，而我怕你气坏了身子，所以我要留着嘴巴逗你开心。

你每月那几天都会疼痛难忍，而我要留着手给你暖肚子。

你出门总是忘记带钱包，选好了东西才发现没带钱，而我要留着脚跑去给你送钱，让你把喜欢的东西买回家。

因此，在确定你身边没有更爱你的人之前，我不想去摘那朵花……

亲爱的，如果你接受我的答案，就把房门打开吧！我正拿着你最喜欢吃的豆沙包在门外等着呢……

她打开了房门，扑在他怀里放声大哭，她不再需要那朵花了！

锅碗瓢盆所演绎的琐碎生活，总会将风花雪月尘封在时光的沙漏里。走在婚姻路上，也许他没有天天对你说"我爱你"，但他为你打上一把遮风避雨的伞，为你沏上一杯飘着香气的茶，为你盖上早已暖热的被，给你一个宽大而坚强的肩膀，给你一个释放委屈的拥抱……谁能说这不是另一种意义上的浪漫呢？

　　关于爱情，它的表现方式有很多种。有一种爱情像烈火般的燃烧，刹那间放射出的绚丽光芒，能将两颗心迅速融化；也有一种爱情像春天的小雨，悄无声息地滋润着对方的心灵。前者声势浩大却只能灿烂一时，后者平平淡淡却绵延不断。真爱不在于一瞬间的悸动，而在于两个人默默守候。

　　有这样一对中年夫妇，他们是朝九晚五的上班一族，而且工作地点离得很近。每天早上，先生都会骑着自行车送妻子上班。上车前，先生都会等妻子在车后座坐稳了才跨上车用力一蹬，而且不时地回头关照一下他的妻子，举手投足间透着对妻子的关爱。而妻子如公主一般幸福地坐在车后座上，双手轻轻搂着丈夫的腰，脸上也洋溢着满足。下班回到家，狭小的厨房里，妻子不停地忙碌着，饭锅里正冒着热气，厨房里氤氲着一层饭香的烟雾。而他也不闲着，浇花、收拾房间、扔垃圾等，两人有说有笑，消除了一天所有的疲劳，绵延出了无尽的满足与幸福。

　　妻子从小体弱多病，到了冬天手脚异常冰凉，先生就每天用自己的双手为妻子按摩搓脚，再用自己的体温为她保温；当先生说出自己想吃的东西时，妻子一定会记得，并且在下班后买给他；看到妻子因为腰上长出了"游泳圈"而烦恼不已，他从来都没嫌弃过她的身材走了样，主动说要陪她一起锻炼身体；先生在单位遇到了不顺心的事就心情不好，但妻子从未抱怨过，等先生的情绪稳定下来之后，再询问到底是怎么回事，帮他分析，一起想解决的办法……

几十年来，无数个朝朝暮暮，他们都是这么平静地生活着。岁月在他们脸上毫不留情地留下了皱纹，然而他们的心却依然年轻，仿佛还是热恋中的少男少女。虽然没有一束束的玫瑰花，虽然没有一起吃过烛光晚餐，虽然没有在朋友面前秀过恩爱……但他们的爱却是最朴实、最真切、最贴心的，有一种"执子之手，与子偕老"的安详。

其实，无论是怎样感人的爱情，激情过后终究要归于平淡，爱情终将以朴实却又温馨的生活作为延续，这是生活的常态。心无法总是在虚无的浪漫中飘荡，只有柴米油盐才能让心尘埃落定……只要用心体会，幸福时刻都围绕在我们身边。细水长流的爱情，像春风拂过，轻轻柔柔，一派和煦，让人沉醉入迷。

是的，我们不能拥有琼瑶小说里惊天动地的爱情，没有徐志摩与林徽因惊鸿一瞥的爱情，但我们可以有平凡的生活，凡俗的爱情。在柴米油盐中精心呵护爱情，弹奏一曲属于自己的幸福乐章，就如一首歌中所唱："柴米油盐酱醋茶，一点一滴都是幸福在发芽……"是的，幸福在发芽、成长，直至开花、结果。

一箪食，一瓢饮的温暖

快乐和物质没有多大的关系。

等将来有钱了，一切就好了。有了钱能买到好吃的、好穿的、好住的，就能提高生活的质量，到时候就幸福无忧了。你是不是也经常一边忙忙碌碌奋斗，一边这样安慰自己？但拥有了金钱真会拥有幸福吗？未必！

有这么一个故事。

一个富翁坐拥百万资产，并拥有一栋豪华住宅，但是他时常觉得生活痛苦，因此寝食不安，闷闷不乐，他觉得等将来更有钱了，一切就好了。

一天，富翁去乡下旅游，他看到一家做豆腐的穷夫妇，他们穷得只剩下光秃秃的四面墙了，每天需要从早忙到晚，不停地做豆腐、卖豆腐，但是他们脸上常常挂着微笑，孩子们也在笑声中玩耍，皆没有因为家境贫寒而闷闷不乐。

富翁很奇怪，不解地问："你们这么贫困，为何看起来这么幸福？"卖豆腐的女人放下手中的活，回答道："我们是没钱，但我们一家人可以整天在一起劳动，父老乡亲可以享受我们的美味食品，我们又可以交到很多的朋友，为什么不幸福呢？"

富翁怔住了，惊诧不已，思索良久……

在这个事例中，百万富翁和乡下仅能温饱的豆腐女，物质上显然不成比例，但在精神的愉悦上，前者并不见得会比后者开心。由此可见，幸福与一个人所拥有的物质财富的数量不能画等号，因为幸福和心态有关，幸福的成本很低！其实说白了，幸福完全是一种对生活的认同和心灵的感受。

一个人只要内心觉得幸福，清贫而听着风声也是一种幸福。孔子曾经夸赞他最疼爱的弟子颜回："贤者回也，一箪食，一瓢饮，在陋巷，人不堪其忧，回也不改其乐。"住在一个破烂的小地方，厨房里只剩下一小筐粮食，一小勺水，别人都忧虑得焦头烂额了，颜回仍然不改其乐，无疑他是幸福的。

没有钱不一定不幸福，如果一定要给幸福加上成本，那么低成本的幸福往往更让人快乐。低成本的幸福生活，未必不是没有质量的。所谓低成本幸福，就是知足常乐、笑逐颜开，用平常心观平常事，在不起眼的生活中寻找幸福。生活中，大凡追求低成本幸福的人，往往在不起眼的地方常怀有幸福感。

亚马孙河流域的热带雨林里，有一种藤本植物生长在被高大茂密的树木遮蔽得严严实实的林子里，终生难以见到阳光。但就是这种植物练就了一种特殊本领：它们能抓住从树缝里透射进来的一点点阳光，瞬间开出绚丽的花朵！人生其实也需要抓住幸福的本领，哪怕是缝隙里透过来的一点点"阳光"，也要将自己的幸福彻底绽放。

眼前的一山一水、一草一木、鸟语花香，生活中的人际往来、家庭的天伦之乐都是感受幸福的平台。清人石成金的《莫恼歌》说出了低成本幸福的本意："莫要恼，莫要恼，明日阴晴尚难保。双亲膝下俱承欢，一家大小都和好，粗布衣，菜饭饱，这个快活哪里讨。富贵荣华眼前花，何苦自己寻烦恼。"

下面，让我们来看看日本喜剧泰斗、著名作家昭广的成长故事。在日本战后那段物质极度匮乏的日子里，外婆用信念和智慧将生活打理得温暖而光亮，教会了昭广如何在平凡中发现幸福和快乐，用真心去展露笑容。

第二次世界大战结束以后，因为生活的变故，年仅八岁的昭广被寄养在乡下的外婆里。外婆家十分贫穷，昭广喜欢运动，外婆没有能力购买体育用品，便就建议昭广练习跑步，因为跑步是不用花钱的，昭广后来竟然成为了运动会的赛跑明星。

为了维持生活，外婆在家门外的小河里横着放了一根木头，用以拦截上游漂浮过来的各种物品，穿破的衣物，不够规格的蔬菜，畸形的水果，树枝，等等，外婆说这是她家的超市。每当上游漂下来很多东西的时候，看着这些战利品，昭广和外婆都会为这意外的收获而欢呼雀跃。有时候木头什么也没有拦截到，外婆会说："今天超市休息吗？"

昭广与外婆一起生活了八年之久，在开朗乐观的外婆那里昭广学会了许多，无论遭遇怎样的困境，他都能够微笑面对。他将生活的真实感融入到喜剧表演中，以精湛的表演将快乐传播给了众人，后来成为了闻名世界的喜剧演员。

昭广的故事在日本家喻户晓，相信每一个人都会从中得到有益的启示。是的，快乐和物质没有多大的关系，贫穷的生活也可以是幸福快乐的。而且，低成本的幸福是一种没有风险的幸福，是一种实实在在触手可及的幸福，也是一种精神的修炼和优良品性，还是一个人难得的精神财富。

幸福是每个人都需要的，要想将平凡的生活活出一些味道来，我们必须得学学亚马孙河流域热带雨林里的藤本植物，有一点点阳光就尽情地灿烂。不要等到拥有了公司、拥有了亿万身家、拥有了私人豪宅，你才觉得是幸福的。怀有一颗幸福的心，学会降低幸福的成本，幸福就是无处不在的。

幸福，是一碗炸酱面就能饱腹的惬意；是拉着爱人的手走进 20 元一张门票的电影院。假如你认为旅游是一种幸福，那么在没有足够的经济支持或囊中羞涩时，上网看世界风光的图片也是可以一饱眼福的。多么低的幸福成本啊！幸福其实没有那么贵，何不抓住每一刻好好享受呢？

第七辑

世界很简单，不要人为地搞复杂

生活的本源是什么？什么是快乐？什么是幸福？人生路途中，我们的行囊不断地被充满，脚步也变得缓慢。当我们行进了一程，就要试着为生活做减法，放下沉重的、不必要的负累，敞开明丽的心，生活才能简约，心态才能恬然，灵魂才能纯净。

丢掉那些役心的物

"幸福还是不幸福，取决于人的自我灵魂。"——亚里士多德

当我们不知不觉地将交通工具异化为身价砝码，当我们变本加厉地给孩子的教育加码，当我们推波助澜地助长"房子崇拜"时，是否想过，这当中也折射了我们内心隐秘的欲望：交通工具承载了我们对成功的渴求，房子成为我们"征服"城市的象征。物质的洪流漫过心灵的堤防，使得我们忘记了仰望星空，忘记了默观内心，忘记了幸福感真正的来源。

物质成了我们幸福的唯一来源，也变成了衡量幸福的唯一标准。物质财富代表一切，甚至是社会地位的象征、精神生活的依托，艺术被商业化、科学被工具化、情感被功利化。

史密斯与戈登是商场上的老对头，最近，他们同时累倒，被家人送进了疗养院。这家疗养院坐落在山水秀美的瑞士，他们没想到会在这里看到老对头。

看着对方憔悴的面容，他们都有些感慨，静下心交谈的次数越来越多。他们渐渐发现，两个人的生活有很多相似之处。例如，他们的家庭看似幸福，却有很多裂痕，不但与妻子儿女感情冷淡，就连朋友也没有几个，他们每天都在为生意忙碌，直到失去健康。

有时候他们也会谈论自己还能活多少年，不约而同地对过去的几十年感到遗憾。他们发觉除了商场上的成就，他们的人生中竟然没有其他称得上

"幸福"的东西，他们的生活似乎被金钱绑架，从未属于自己。通过将近半年的治疗，两位老人的健康有了好转，他们同时将自己的生意交给后代，决定用剩余的生命尽情享受生活。

亚里士多德说："幸福还是不幸福，取决于人的自我灵魂。"这句话是对渴望幸福的人们一种有益的提醒。人的幸福感，不仅需要靠社会创造的各种"发生条件"，同时也要依靠个人内心的积极营造。其实，让我们心灵受累的，何止物质？除此之外还有错误的观念，解不开的情结、一些消极的情绪，总会影响我们的生活。学会面对、学会丢掉，才能收获一份幸福和轻松。那么我们应该丢掉的东西是什么呢？

第一，丢掉自卑。

把"自卑"二字从你的字典里删去吧。我们虽然成不了伟人，但可以成为内心强大的人。内心的强大，能够稀释一切痛苦和哀愁；能够有效弥补你外在的不足；能够让你无所畏惧地走在大路上，相信自己，找准自己的位置，你同样可以拥有一个有价值的人生。

第二，丢掉消极。

如果你想成为一个成功的人，那么，请一定要为"最好的自己"加油，让积极打败消极，只要你愿意，你完全可以一辈子都做最好的自己。在自己的战争里，你就是运筹帷幄的将军！不是所有的梦想都能成为美好的现实，但美丽的梦想同样可以装点出生活的美丽。

第三，丢掉烦恼。

所谓练习微笑，不是机械地动用你的面部表情，而是努力地改变你的心态，调节你的心情。学会坦然地面对厄运，学会平静地接受现实，学会积极地看待人生，凡事都往好处想。这样，阳光就会照进心田，驱走黑暗，驱走恐惧，驱走所有的阴霾。

第四，丢掉压力。

心灵的房间，经常不打扫就会落满灰尘。蒙尘的心，会变得灰色和迷茫。我们每天都要经历很多事情，心里的事情一多，就会变得杂乱无序，然后心也跟着乱起来。所以，扫地除尘，能够使黯然的心变得亮堂；把事情理清楚，才能告别烦乱；把一些无谓的痛苦扔掉，快乐就有了更多、更大的空间。

第五，丢掉抱怨。

所有的失败都是为成功做准备。抱怨和泄气，只能阻碍成功向自己走来的步伐。抱怨无法改变现状，拼搏才能带来希望。不要总是烦恼生活。不要总以为生活辜负了你什么，其实，你跟别人拥有的一样多。

第六，丢掉犹豫。

认准了的事情，不要优柔寡断；选准了方向，就只管前进，不要回头。机遇就像闪电，只有快速果断才能将它捕获。立即行动是所有成功人士共同的特质。如果你有什么好的想法，那就立即行动吧；如果你遇到了一个好的机遇，那就立即抓住吧。立即行动，成功无限！

第七，丢掉狭隘。

宽容是一种美德。宽容别人，不仅是让路给别人，同时也是给自己的心灵让路。要想没有偏见，就要创造一个宽容的社会。要想根除偏见，就要首先根除狭隘的思想。只有远离偏见，人与人之间才会和谐。

第八，丢掉懒惰。

不要总是一味地羡慕别人的绝招和绝活，通过恒久的努力，你也完全可以拥有。因为，把一个简单的动作练到出神入化，就是绝招；把一件平凡的小事做到炉火纯青，就是绝活。

这样，当丢掉了那些繁杂的役心之物，我们便能获得快乐，并且还要把自己的快乐分享给朋友、家人，甚至素不相识的陌生人。

我们常羡慕那些名人的风光，可我们了解他们的苦衷吗？其实我们都一样，希望能为自己活着，为自己活着的生活才更有意义。

世间的那些所谓的桂冠、权贵等，都是身外之物，只有生命最美，快乐最贵。我们想要活得潇洒自在，过得幸福快乐，就应该做到：学会淡泊名利，位高不自傲，位低不自卑，欣然享受清心自在的美好时光，这样就会感受到生活的快乐和惬意。

过简约的生活

给生活多做减法，生活才会从容。

城市生活让我们无法止步，我们一直生活在持续的加法中。多，还要更多；好，还要更好。事实上生活的幸福感并不能完全借由物质的丰裕程度来衡量，拥有更大的房子、更好的车子、更多的财富，未必能带来更多的幸福。常常因为拥有得太多，生活太过复杂，反而让自己被控制住了。

生活是需要做减法的，那是一种让生活尽量简单化的状态。就是说，生活要求太高，就会复杂起来，烦恼也随之增加了很多，生活要不折腾，越简单越好。上升到精神层面的话，就是要常常倾听自己内心的声音，懂得化繁为简、享受幸福的能力。当然减法生活也不是一味简约、简单，而是要寻求一种让生活舒服的适度节制。

工作超时、压力超载、身体在超负荷地运转，不仅得到的来不及享受，反而会如鲜花凋谢般，早早地毁掉了自己的健康。

人之所以痛苦，是由于希望得到的太多、太繁杂。作为凡夫俗子的我们，虽然做不到"无求自安"，但是起码可以采取"减法"——当自己痛苦的时候，要勇于删除一些需求。

一个商人辛辛苦苦地忙了大半辈子，终于富甲一方。他终于不用再捉襟见肘，不用再斤斤计较。

富商攥着大把的金银财宝，破天荒地想给自己一次完全放松的机会。于是，他来到一片海滩上，准备静静地晒一晒太阳，享受一下大自然的美好。可是，已经习惯了在商场上拼杀的他，猛然这样一停下来，心里反而感到了百无聊赖的烦躁。

正在这时，富商看到了在不远处，一个衣着破烂的渔夫正在海滩上懒洋洋地晒着太阳，表情安详，嘴角微微上扬，一副怡然自得的样子。

富商见状，便好奇地走上前去问他："你不去工作，就这样浪费时间，怎么还会觉得高兴呢？"

渔夫反问道："我为什么要去工作呢？"

富商觉得渔夫的想法太不求上进了，理直气壮地解释说："努力地去工作，这样才能挣到足够多的钱，然后才能有钱出来到海滩上旅游，享受阳光啊。"

渔夫轻轻地笑了笑，依然不急不恼地问富商："享受阳光？我现在不就是在海滩上晒太阳吗？"

其实，人生不应该太满满当当。太满便没有空间去享受生活，会让心灵衰老得很快。对人生做减法，并不意味退步，只是做了合理的减法，化繁为简而已。

化繁为简做减法，主张剔除生活中可有可无的负累，不让生活终日忙忙碌碌，不被物欲所驱逐，不被名利所左右，不让健康跟不上我们的步伐。

不想挣的钱不要了，不想交的朋友舍掉了，不想做的事情拒绝了……还原生活的本真，真实体验生活中的自由、轻松和属于生命自身的意义。有节奏地适当放慢脚步，给生活多做减法，生活才会从容，身心才会舒畅。

扔掉那个叫自卑的包袱

人外有人，山外有山，活出本色，不必自卑。

也许你没有漂亮的容颜，也没有聪颖的天资；也许你没有骄人的学业，也没有出众的才华；也许……总之，看到别人幸福的微笑便觉得是对自己无情的嘲笑，想到自己渺茫的前途又感到十分迷茫。

自卑是自我挫败的源头。我们很容易因为自我条件不足而产生自卑心理，这就给你的工作、感情等方面造成很大的阻碍。我们无法保证自己不犯错误，也不可避免地存在各种弱点和不足，与那些看似成功的人相比，我们有太多理由自卑。如果我们背上自卑的包袱，就会被自己打败，丢掉本来属于自己的幸福。

女孩 23 岁，身边有一位成熟稳重、经济条件不错的男人一直密切关注着她——她的上司。女孩很敏感，对上司的关注怎么会不知道呢？然而，由于潜意识里的自卑感在作祟，她总是不肯也不愿给他表白的机会。她在心里发誓：我要做他身边最优秀的女人，将其他女人比下去，然后才坦然接受他的爱。

此后，她拒绝了他的一切邀请，专心苦读，终于考上了她一直向往的、他曾经就读过的那所著名学府的研究生。当他提出送她去上学时，她拒绝了，她觉得自己已经不是一个不谙世事的小丫头，而应该是一个高分高能的天之骄女。她要借助任何一次机会锻炼自己，为的是将来有一天能够与他并肩站立，成为他的同行者而不会自惭形秽。在读研期间，她潜心做学问，又多方锻炼自己的心智，她变得那般出类拔萃，导师建议她继续读博士。于是，她又花了三年时间读完博士。院里挽留她，并允诺送她出国，而她却无心这些，想让他看到自己经过这六年时间变得如此优秀的愿望显得那么强烈。

六年后的她，终于带着美好的期待飞回到他所在的城市。这一次，是她主动约的他，她想向他显示：自己有足够的优秀成为他的帮手；她还想让他意识到：她有了做他好太太的完美条件。然而，他们在咖啡屋里还没说几句话，他的手机就响了，他接起来："啊？儿子又发烧了，好，你别着急，我这就回去送他去医院。"然后，他略带歉意地对她说："我儿子生病了，我太太很紧张，现在他们很需要我在他们身边，我们以后有空再聊，好吗？这句话如晴天霹雳，她只能机械地回答："好！"除此之外，她还能说什么？做什么？

故事中的女孩因为自卑而不愿接受上司的追求，她固执地认为只有自己足够优秀，才能够配得上他！然而，当有一天她真的觉得自己足以匹配那个优秀的男人时，才发现幸福早已不在自己的身边。优秀固然很重要，可是比起得到幸福来说，就显得微不足道了！

在优秀的追求者面前，我们没有必要自卑，因为爱情与幸福对任何人来说都是平等的。当爱靠近的时候，就请勇敢地接受吧，别因为世俗的眼光而毁掉了自己一生的幸福。

每个人在不同的时期，都会产生不同程度的自卑心理。任何人都无法做到没有一丝缺陷，完美主义者更容易产生自卑的情绪。产生自卑的原因有很多：有的人错误地把别人对自己的夸奖当作讥讽，那么他们感受到的信息就带有自我否定的倾向性，他们会越发地感到卑微；有的人很在意别人对自己的评价和看法，对于别人的意见往往产生自卑的心理；有的人对于家庭或自己的经济收入以及地位感到不满，对于物质生活和精神生活的攀比心理也会产生自卑的心理；有的人喜欢用过高的标准要求自己，结果使自己永远处于达不到要求的失败地位，导致自卑感的产生；有的人由于身体的缺陷不能像正常人那样生活，也会产生自卑的心理，等等。

人生就像一次旅行，而我们的生活是一面镜子，你冲它微笑，它也冲你微笑；你冲它发怒，它也会以同样的方式反击你。面对困境不要自卑，学着微笑吧，这个微笑是对自己的一种鼓励、一种自信。只有敢于面对生活，敢于面对困境，才能摆脱自卑的骚扰，才能成为命运的掌控者。

从压力中逃出来

你在别人心中或许并没那么重要。

人生的道路千万条，只有量力而行，才能够有所收获，享受到收获的乐趣。

我们都有自己快乐的理由，也有自己不快乐的理由。例如，有的人工作轻松、自由、压力小，但工资有点低。如果想要感到快乐，眼睛就不能老盯着工资低不放，而应该多想想——自己多自在啊！

反过来，有的人工资很高，但压力很大、不自由。他要想感到快乐，眼睛就不能老盯着工作压力大不放，而应该多想想——自己的工资待遇是大多数人所没有的。

上天不可能把什么都给你。我们常常觉得不快乐那是因为总是紧紧抓住不快乐的理由，无视快乐的理由。当你感到实在承受不了的时候，要及时给自己减压。

"生活真是太累了！"常听一些人喊出这样一句话。

活得累的人很少有幽默感，因为他不敢去嘲讽或善意地笑一笑，更不会放松一下自己，唯恐别人以为自己对生活不严肃。活得累的人就像永远戴着一副面具，这副面容在人前谨小慎微，在人后愁眉苦脸。真是太累了，让人喘不过气来。活得累的人身上就像穿着一件厚重的铠甲，既不能活动自如，又不能脱去它，因为它太沉了，压在身上重如千斤。

既然活得累是件很痛苦的事，那么我们为何不换一种活法，活得轻松、幽默一点，努力去感受生活中的阳光，把阴影抛在身后。哪怕工作任务很重，也要抽出一点时间来放松自己，那样会对你的工作更有益处。

林肯的书桌角上总有一本诙谐的书籍放在那里，当他抑郁烦闷的时候，便翻开来读几页，不仅能解除烦闷，而且可以使疲倦消除。

美国富翁柯克，51岁的时候用完了所有的财产，他只得又去经营、去赚钱。没多久，他果然又赚了很多钱。他的朋友因此很奇怪，问道："你的运气为什么总是这样好呢？"

柯克回答说："这不是我的运气，而是我有自己的秘诀。"

朋友急切地说："你的秘诀可以说出来让我们听听吗？"

柯克笑了："当然可以，其实也是人人可以做到的事情。我是个典型的乐观主义者，无论对什么事情，我从来不抱悲观态度。哪怕是人们对我讥笑、恼怒，我也从不变更我的想法。并且，我还使人快乐，这样我总是获得成就。我相信，一个人如果常常向着光明和快乐的一面看，就一定可以获得成功。"

生活对于每个人都是公平的，对谁都是一样的，没有绝对的幸运儿，也没有完全的倒霉蛋。你有不幸，他也有烦心事；别人有好机会，你也会有好运气。所以，千万别把自己想得那么悲惨，更不要把自己缠绕进自己编织的网中，挣扎不出来。

生活在这个世界上，你要为衣、食、住、行去奔忙，要去应付各种各样的事，要去与各种各样的人打交道。谁也保证不了你下一个会遇见什么样的事情以及什么样的人。不要让自己长期生活在紧张、压抑之中，不要让自己的弦绷得太紧，别活得那么累。必要的时候，放松一下自己，活得轻松一些。其实，别人并不在意你，他们在意的只是他们自己。

可是现实生活中，偏偏有很多的人很在乎别人对他们的看法。

丁杰原来在一家公司的业务部门做主管，后来因为工作需要被调到了一个新的部门。在这个新部门的地位没有原来的部门高，于是他总是担心别人会有什么其他的想法。

一天，他在大街上遇到一个熟人，熟人问："你不做主管啦？调到哪去了？"丁杰说："不做了，调到另一个部门去了。"熟人说："是吗？那好啊，我祝贺你！"丁杰笑笑说："有时间去玩呀！"然后作别。听了这话丁杰心里有一丝酸楚，觉得朋友是在笑话他。

过了不久，丁杰在某处恰巧又碰到了那位熟人，熟人又问："听说你现在不做主管了，调哪去了？"他只得把以前的话又重复了一遍："我调另一个部门了，有时间来玩啊！"

回到家，丁杰的心里突然亮了起来，好像一下子就悟出了什么来：是呀，自己整天担心别人说什么，整天把自己当回事，而别人却早把自己忘了。于是，他照旧同原来一样，和朋友们一起聚会聊天，大家的热情依然和以前一样，依然是那样真诚。

其实，人们的太多烦恼，只是自己杯弓蛇影的自恋和自虐而已。你的所有的担心和疑惑，都是自己内心的猜测。在别人的心中，其实并不那么重要。

人生中那么多的事，大家连自己的事都处理不完，哪有闲工夫去关心别人的事情。只要你不对别人造成伤害，或是损害了别人的利益，没有人会对你的失误或尴尬太在意。第二天太阳升起的时候，也许别人什么事都不记得了，只有自己还耿耿于怀。所以你要明白，在别人的心中，你并没有那么重要。

人生就像一次旅行，旅途中遇见的很多事情需要我们抱着无所谓的态度来对待。无所谓是用一种豁达的姿态来面对人生旅途中的阴晴风雨。你所担心或感到困窘的事，别人也没有那么多的闲心去关注，因此，你大可不必放在心上。不必太在意别人对你的想法，走好自己的路，比什么都重要。

简单生活，幸福如花绽放

与简单同行，你就是自己的主人。

我们都希望自己的生活能够快乐，但是真能做到吗？可不一定。现代人已经被那些所谓的豪宅、名车、高收入、高开销等物质欲望折磨得疲惫不堪，快乐也就变得有些奢侈。其实，物质财富并没有我们想象得那样重要。事实上，有许许多多的人是在令人难以察觉的绝望状态下生活。

一项关于美国社会的统计显示，一对夫妻一天当中有 12 分钟时间进行交流和沟通；一周之内父母只有 40 分钟与子女相处；有将近一半的人处于睡眠不足的状态。时间的危机实际上是感情的危机。人们好像都十分繁忙，每天都在为一些大事疯狂地奔走，然后疲惫不堪，没有时间顾及其他。大家都在不停地劳动，都在不断地创造，但是，生活真的变好了吗？变得更快乐了吗？

美国心理学家戴维·迈尔斯和埃德·迪纳证明，物质财富是一种很差的衡量快乐的标准。人们并没有随着社会财富的增加而变得更加快乐。在很多国家，收入和快乐的相关性是可以忽略不计的；只有在最贫穷的国家里，收入才是适宜的标准。

抛开这些抽象的理论不说，物质财富的进步有时候确实会使得人们作茧自缚。比如说，电话、传真、电子邮件已经成为许多工作不可缺少的帮手，可是如果一项工作每天都面对源源不绝的电子信息，就很可能产生"信息疲乏并发症"。许多信息业的工作者和企业界的经理人经常会抱怨，每天必须接听的电话和处理电子邮件造成精神上莫大的压力，"信息疲乏并发症"甚至会造成长期失眠，严重影响人们的身体健康。至于伴随文明发展而来的噪声、污染等问题就不用再说了吧。

在习惯的支配下，我们对这个嘈杂的世界、混乱的时空没有感到什么不舒服的，或许只有到临终的时候，才会悲哀地发现，自己的一生，原来是这么的不快乐。那么快乐是什么呢？答案是，快乐来源于"简单生活"。

有人问："简单生活"是不是意味着苦行僧般的清苦生活，辞去待遇优厚的工作，靠微薄存款过活，并清心寡欲？

美国著名心理学家皮鲁克斯说："这是对'简单生活'的误解。'简单生活'意味着'悠闲'，仅此而已。丰富的存款，如果你喜欢而舍不得的话，那就不要失去，关键是要做到收支平衡，不要让财富给你带来焦虑。"

无论是中产阶级，还是退休工人，都可以生活得尽量悠闲、舒适，在过"简单生活"这一点上我们人人平等。

简单，是平息外部的喧嚣，回归内在自我的最佳途径，当我们为了一次小小的提升，而默默忍受上司苛刻的指责，并一年到头赔尽笑脸的时候；为拥有一幢豪华别墅、一辆漂亮小汽车而加班加点地拼命工作，每天晚上在电视机前疲惫不堪地倒下的时候；或者是为了无休无止的约会，精心装扮，强颜欢笑，到头来回家面对的只是一个孤独苍白的自己的时候，我们应该问问自己这是在干什么，它们真的那么重要吗？

简单的好处在于：你再也用不着在上司面前唯唯诺诺，你自己就是自己的主人，提升并不是唯一能证明自己的方式，很多人从事半日制工作或者是自由职业，这样他们就有更多时间由自己支配。你没有海滨前华丽的别墅，可以租一套干净漂亮的公寓，这样你就能节省一大笔钱来做自己喜欢的事。如果你不是那么忙，能推去那些不必要的应酬，你将可以和家人、朋友多聚聚多聊聊。人们总是习惯于把拥有物质的多少、外表形象的好坏看得过于重要，用财富、精力和时间换取一种有目共睹的优越生活，却没有察觉自己的内心在一天天枯萎。

其实，只有真实的自我才能让人真正地容光焕发，当你只为快乐的自己而活，而不在乎外在的那些所谓的虚荣，快乐幸福感才会润泽你干枯的心灵。就是说我们需求的越少，得到的快乐越多。

要快乐，就不要在得失里浮沉

淡然看待生活中的无常事，坦然面对得失。

什么是"活在当下"？通俗而言，就是吃饭的时候就吃饭，睡觉的时候就睡觉，放下以往的烦恼，舍弃对未来的忧思，全身心投入眼前的这一刻，才是生活的智慧。

让人又喜又忧的人生，一面写着"太好了"，另一面写着"太糟了"。它会产生两种截然不同的力量：它能让你获得财富，拥有幸福，享受快乐；也能让这些东西远离你，让你整天和烦恼纠缠不清，让你一生都不快乐。所以，在面对得失，享受快乐的时候，不是得到的多，而是计较的少。

有人成功得早，有的人大器晚成，无论怎样，只要自己真实地生活，最终都会体会到真实的生活本身赐给我们的快乐。不管人生道路上有多么的苦痛抑或是美好的风景，所有这些都是对你生存态度的回报，好的或者坏的都在其中。

　　人类从出生开始，生命就开始不动声色地延续着，但是每个人的人生都有太多的不同，有的人走向辉煌，有的人食不果腹。很多时候人们将所有的一切都归结为命运，于是过得不怎么成功的人就开始抱怨自己的命运。事实上，关键还是自己对待生活的态度，如果抱着一颗积极进取的心去面对生活，怀着一颗充满关爱的心去对待你的亲戚朋友，这可以帮助你自醒，看，连小小的蜉蝣，哪怕生命短暂，它们都在努力地生存着。

　　人生就像一次旅行，不要想着自己的终点，幸福不是终点，它其实是生活道路上的点点滴滴，坚强、认真、努力、乐观、执着的点点滴滴！人因为认真生活才会成功，而不是成功的人才会拥有完美的生活。

　　很多时候人们总是会这样认为，现在的生活可能不适合我，但其实转念一想，眼下的生活就是生活，有什么适合不适合、对不对、是不是的呢？来来往往，忙忙碌碌都是生活的状态罢了！不要对现在的得失斤斤计较，也没必要为一时的成功缠绵悱恻！一切都是过眼云烟，什么东西都不会永远地伴随你我，就像生命有一天会走向终点一样！尽情享受当下的生活吧，不要想有了房有了车才会快乐，现在就可以，只要认真地活着，比什么都快乐！

幸福着自己的幸福

生活其实很简单，只要你化繁为简。

不要试图一直逃避这个世界，人是不可能离开社会独立存在的，不要再为自己的无能去胡乱地发扬庄子的"无为"了，开始去走出困惑，去用心地感悟，去用心地改变，去用心追求真正的平平淡淡，这样才是真正的真。

所有的东西都可以虚假，只有生活才是最真实的。我们都希望自己的人生散发出耀眼的光环，都希望自己有一段不平凡的生活，拥有一段惊天动地的爱情，事业上获得惊人的成就。可是当一切光环都消失的时候，剩下的却是本色的生活状态。生活就是柴米油盐，生活就是平平淡淡地过完每一天……

生活很复杂，其实也可以化繁为简。生活不怕困难的日子，只怕没有真情存在，拥有简单思想的人过着简单的生活就是一种幸福。人生不怕平淡的日子，只怕生活的感觉不真实。然而思想一旦变得复杂起来，就不会满足于现实的生活，总是追求更高更好的生活层次，在情感上也想拥有得更多，这时生活的烦恼也会随之而来……

很多人以为贫困的生活是不会有幸福可言的，生活在一起的人整天为了生计而奔波操劳，怎么可能会有幸福可言？他们在忙碌的生活中寻找的是生活的资本，寻找的是吃饭穿衣的资金，没有时间和心情去考虑幸福是怎么回事。

生活其实很简单，上班的时候，我们努力地工作。下班的时候，我们按时下班。下班回来，做几个自己喜欢吃的小菜，然后有滋有味地享用。如果工作忙，就简单地吃个快餐。节省下的时间看自己喜欢看的书或者睡个甜甜的觉。

生活其实很简单，累了的时候就休息，饿了的时候就吃饭，困的时候就睡觉。烦恼的事情不去想，当烦恼向我们袭来，实在没办法解决的时候，倒头就睡，什么也别想。

生活其实很简单，听从内心深处的呼唤，追求心灵所需要的快乐生活，这种快乐是心的宁静与安详。快乐着自己的快乐，幸福着自己的幸福！给自己留一份自由的空间！

生活其实很简单，对待家人要多关心，多体贴，对待孩子要多爱心，对待老人要多孝心，对待爱人要多理解，对待朋友要多真诚。与人相处诚心相待。

生活其实很简单，过自己的生活，不羡慕别人。别人再好，那是别人的，羡慕只会增加自己的烦恼。快乐是一种心态，是自己控制的。

生活其实很简单，不要爱慕虚荣，不要和别人攀比，过自己的生活。保持良好的心态，不要让自己的心境受外界的影响，淡定从容，宠辱不惊，抛开一切的诱惑和迷茫。

生活其实很简单，有许多你牵挂的人，也有许多牵挂你的人！细心感受，学会理解和宽容。珍惜亲情、友情以及爱情，学会放松，那样的你一定很快乐！你也一定会有一个精彩的简单生活！

第八辑

若不是心宽似海，哪有风平浪静

心态决定状态。当我们放宽心的时候，人生的路自会豁然开朗。待人厚道，善念伴一生，成全他人，同时成全了自己。把心放宽，心灵就如同大海般宽广，天空般空灵，大地般辽阔。放开心灵的闸门，打开心灵的包袱，让心灵高飞，心宽天地广。

天地只在心间

心宽地也阔。

当今世界，文章里常常是阳春白雪，天空海阔，高山流水，淡泊明志，但有心胸的人实在不多，人生来和"争"联系紧密，弱肉强食，适者生存，可争来争去，人活了一辈子，都要奔着一个地方去，生死之局无人可逃。

《三国志·蜀书·先主传》记录着刘备临终前给其子刘禅的遗诏："朕初疾但下痢耳，后转杂他病，殆不自济。人五十不称夭，年已六十有馀，何所复恨，不复自伤，但以卿兄弟为念。射君到，说丞相叹卿智量，甚大增修，过于所望，审能如此，吾复何忧！勉之，勉之！勿以恶小而为之，勿以善小而不为。惟贤惟德，能服于人。汝父德薄，勿效之。可读汉书、礼记，间暇历观诸子及六韬、商君书，益人意智。闻丞相为写申、韩、管子、六韬一通已毕，未送，道亡，可自更求闻达。"

如果刘禅真的按照遗诏中的去实施了，恐怕统一三国的就不是司马氏了。"心底无私天地宽"即便很难，但总应做点什么，哪怕只是一点点的"无私"。勿以恶小而为之，勿以善小而不为。

私心，每个人都有，只要做到心底无私，问心无愧，凡事都为他人着想，不求做到圣人，做好一个凡人足矣。人生在世，不如意事十之八九，但拥有了真诚、善良和宽容，就会发现，天地之大，广阔无垠。

挣脱名利的纷扰

你不争，没人能够争得过你。

"上善若水，水善利万物而不争，处众人之所恶，故几于道。居善地，心善渊，与善仁，言善信，正善治，事善能，动善时。夫唯不争，故无尤。"

上面是老子用水来比喻有高尚品德者的话，认为他们的品格像水那样，一是柔，二是停留在卑下的地方，三是滋润万物而不与争。

善的人就像水一样。水善于滋润万物而不与万物相争，停留在众人都不喜欢的地方，所以最接近于"道"。最善的人，所处的位置最自然而不引人注目，心胸善于保持沉静而深不可测，待人善于真诚、友爱和无私，说话善于恪守信用，为政善于精简处理，可以治理好一个国家，做事的时候能够发挥长处，行动善于把握时机。

如果一个人或一个集体可以把自己放在一个智慧或说是明智的位置，将心放在一个明智而对生活有着深刻体验、洞察力和为他人着想的位置，对人能以合适与体贴的态度，说话能有实际的信用，管理事物能中道而行，做事能多动脑子考虑周全、量力而行，有什么计划能够审时度势，那只有平衡的世界了，怎么还会有不公平的争端呢？如果真的能这样就没有什么值得痛苦和相互伤害的了。

一些假日垂钓者，一大早出门，太阳落山拎着空空的鱼篓回家的时候，依然一路欢歌。看到的人不禁讶然：付出了一天的等待却一无所获，怎么还可以这般快乐满怀？其实回答很简单：鱼不咬我的钩那是它的事，我却钓上来一天的快乐！对钓鱼的人来说，原来最好的那条鱼便是快乐。

人生就像一次旅行，不论怎样努力，我们都看不到尽头。在人生的旅途中，我们也许会遇到许许多多挫折与失败，比如朋友的猜忌与误解，或是生活中的种种无奈、冷遇和事业上的磨炼与打击，都会将我们几乎颓废的身体沉沉压下去，甚至没有力气反抗。也许这时我们彷徨无助的心灵只需要一句安慰，一句鼓励，但是我们更应该给自己一个永恒的榜样——上善若水，水利万物而不争。

心平似境，生活如水

冲动是魔鬼，告别愚蠢的愤怒。

生活中，因芝麻大点小事而大发雷霆，因一句半句闲言碎语而怒发冲冠，甚至由于对方一个不经意的表情而怒不可遏的种种情况，都是冲动。也许，冲动者并无恶意，只是让冲动冲昏了头脑，等到冲动过后才后悔万分。所以从根本上讲，受害最大的还是冲动者本身。

"冲动是魔鬼"，不要因别人脾气暴躁而生气，也不要因悲惨的事而沮丧。冲动的直接触发是一个"躁"字：急躁，浮躁。古往今来，古人对医治"躁"

病妙法良多，例如"安详是处事第一法"，就是说不急不躁是处理事物的第一等方法；"多躁者，必无沉潜之识"，就是说过分浮躁之人，一定没有深刻的认识；"处事最当熟思缓处"，告诉人们遇事进行处理，最佳做法是深思熟虑和延缓一下再办。"逆境顺境看襟度"，这"襟度"意思就是指涵养，有涵养好，涵养过人尤好。"世上闲言碎语，一笔勾销"，这就是良好的心态，心平气和，就不会去计较鸡毛蒜皮之事。

冲动是你经历挫折的一种后天性反应，你以自己不欣赏的方式消极地对待与你的愿望不相一致的现实。水受到激发，就会泛滥无边；火受到激发，就会蔓延；人受到激发，就会作乱。在激发怒气的情况下，君子也会变成小人。

冲动如果过度了就会变得愚蠢。毕达哥拉斯说："愤怒以愚蠢开始，以后悔告终。"在受到侮辱或攻击的时候，冲动是解决不了任何问题的，它只能使你陷入社交的困境。由于情绪失控，头脑不清醒，就更难达到摆脱困境的途径。这时候唯一可取的是保持冷静，冷静是一种积极的、由静转动的心理活动过程。冷静，能使自己客观地从对方的攻击中寻找出他的不符合事实、不近情理之处，抓住他的弱点，分析他的目的，然后采取对策，加以揭露，予以反击，使自己转败为胜，转危为安。冲动就像是玩火自焚，既烧灼了自己，又伤害了别人。"一失足成千古恨"，因为小事而冲动，造成更大的失败，是最令人痛心、后悔的事。

一个年轻的农夫，划着小船，给另一个村子的村民运送自家的农产品。这一天天气酷热难耐，农夫汗流浃背，苦不堪言。他心急火燎地划着小船，希望赶紧完成运送任务，以便在天黑之前就可以返回家里。就在这时，农夫发现，前面有一只小船，沿河而下，迎面向自己快速驶来。眼看两只船就要撞上了，但那只船并没有丝毫避让的意思，似乎是故意要撞农夫的小船。

"让开，快点让开！你这个愚蠢的家伙！"农夫大声地向对面的船吼叫道，"再不让开你就要撞上我了！"尽管农夫的声音很大，可是对方没有理会，这时农夫手忙脚乱地企图让开水道，但为时已晚，那只船还是重重地撞上了他的船。农夫被激怒了，非常生气，他厉声斥责道："你会不会驾船，这么宽的河面，你竟然撞到了我的船上！真是个白痴！"当农夫怒目审视对方小船时，他竟然发现，小船上空无一人。听他大呼小叫、厉声斥骂的只是一只挣脱了绳索、顺河漂流的空船。

那个一再惹怒你的人，决不会因为你的斥责而改变他的航向。怒气有时候会自己溜走，只要耐心等待一会儿，不必急着发作，否则会惹出更多的怒气，付出更多的代价。

面对事情，心平气和才能化解一切矛盾。人生就像一次旅行，在路上会遇到许多不如意的事，磕磕绊绊也少不了，是心平气和地去化解还是怒气冲天地去对待，往往一件小事就能决定今后的命运如何。一位著名的女作家曾说过这样一句话："人总是有缺点的，但是你要尽量往一个人的好处看，慢慢你就会觉得，那些缺点也都是可原谅的。"

莎士比亚的作品《奥赛罗》中的主人公奥赛罗就是一个心眼小又缺乏自控力以致酿出人间悲剧的典型。他听信小人之言，冲冠一怒，回到家中不问青红皂白地把自己的爱妻一剑送入黄泉。等到觉悟了，可是为时晚矣。后来痛不欲生的奥赛罗自尽身亡。如果当时奥赛罗稍冷静下来，多一点宽容，好好想一想，对事件有一个理智的判断的话，就不会做出这样不理智的错事了。

冲动，是缺乏涵养、心态不良的一种折射。人既然有理性，为什么还要让冲动的魔鬼从薄弱处跳出来。其实，魔鬼是扯着你的心跳出来的，等它安顿下来，留下的只有你的心痛，而每一次疼痛，必是一次损伤，对健康对素质对人格对生命的损伤。所以，日常生活中请不要冲动。

两个旅行中的天使到一个富有的家庭借宿。主人对他们并不友好，并且拒绝让他们在舒适的客人卧室过夜，而是让他们在冰冷的地下室过夜。当他们铺床时，较老的天使发现墙上有一个洞，就顺手把它修补好了。年轻的天使问为什么，老天使说："有些事并不像你看上去的那样。"

第二天晚上，两人又到了一个非常贫穷的农家借宿。主人夫妇对他们非常热情，把仅有的一点食物拿出来款待他们，然后又让出自己的床铺给客人。第二天一早，天使发现农夫和他的妻子在哭泣，因为他们唯一的生活来源——一头奶牛死了。年轻的天使看到这一场景十分愤怒，他质问老天使为什么会这样，第一个家庭什么都有，老天使还帮助他们修补墙洞，第二个家庭虽然贫穷但还尽力盛情地款待他们，而老天使却没有阻止奶牛的死。

"有些事并不像你看上去的那样。"老天使答道，"当我们在地下室过夜的时候，我从墙洞看到墙里面堆满了金块。因为主人被贪欲所迷惑，不愿意让人分享他的财富，所以我把墙洞填上了。昨天晚上，死亡之神要带走农夫的妻子，我让奶牛代替了她。所以有些事并不像你看上去的那样。"

有些时候事情的表面并不是它实际应该的样子，我们生气了，愤怒了，冲动了，等过了一段时间之后，情况又发生了变化，所以许多事要弄清楚了再来发怒也不迟。

化解冲动，应该从生活方式上解决问题，培养理性控制力，培养良好的心态，做到心平气和。"心平"指的是内心的平静，没有非分之欲望，拥有一颗平常心。"气和"指的是气血调和，是安静稳重的状态。只有"心平"，才能"气和"。"心平气和"是一种心态，是一种宽容，是一种境界，是一种修养。

当一个人做不到"心平气和"的时候，对事物就不可能做出正确的判断，看什么都不顺眼，变得狭隘自私，牢骚满腹，冲动易怒。因为不能心平气和的人就会对人、对事抱有偏见。这样的人生活经常会漂浮不定，经常会麻烦缠身，失去的比得到的要多得多。世间的事情往往就是越想得到越得不到，越得不到心情就越难以平静。

如果可以"心平气和"，就能够客观地看待事物，就可以平静地看待生活，就能够换位思考，就可以遇乱不惊。要知道养心、养气才能健康，此乃养生之道。心平气和的人表现出的涵养和稳重是其身心健康的表现，是其气质风度的展示，是其稳重成熟的流露。

高速发展的社会中，人们要想做到"心平气和"实际上是很不容易的。很多人由于工作压力大，生活不顺心而变得心浮气躁，很容易生气，甚至迷失了生活的方向，还有人悲观厌世，这些都是很遗憾的事情。这时候不妨学着以心平气和的心态去调节。用宽大的胸怀去接纳生活给予我们的一切吧，不论是成功还是失败。顺利的时候，做到心平气和不难，难的是在逆境中，如何能够做到"心平气和"。这就需要修养，需要良好的心理素质，才能做到看似容易的"心平气和"。如果能做到心平气和，对人、对己都有好处。利人利己的事为什么不做呢？

心宽如大地，生活如舟

心胸狭隘的人心中只有自己，放不下别人。

物竞天择适者生存的社会，决定了我们都有争强好胜的心理，一个真正的强者也许不能容忍有别人比自己强，但他们的不能容忍和心胸狭窄之人的不能容忍是完全不一样的。一个真正的强者，他的目标是要做到最好，他不能接受也不允许自己处在第二的位置，所以当他发现有人比自己强的时候，他会采取一种积极的态度，努力不断地提升自己的实力，使自己成为最强的。强者的风格是激发自我潜能，通过对自我的超越来超越别人，使自己永远走在别人的前面，永远立于不败之地。

强者总是会得到很多人的关注，总能成为舞台上的明星，明星总是耀眼的。人们都习惯于崇拜强者，对于强者经常抱着一种欣赏与向往的态度，而心胸狭窄的人，却不能接受身边有比自己强的人，有时候是因为比自己强的人会妨碍自己的地位和利益，狭窄的心胸使他们不能吃一点点亏。这种心理其实是他们内心不愿意面对现实所致，他们没有能力成为最引人注目的人物，也不允许有比他们更引人注目的人物存在。

心胸狭窄的人，嫉贤妒能是他们一贯的特点。心胸狭窄意味着不能包容别人的缺点，不能忍受别人对自己无意的触犯与伤害，不能以淡然开朗的心态对待问题。一个心胸狭窄的人，他知道自己并不是最强的，但是他接受不了在自己的视野范围之内有人比自己强，一旦发现有人强过自己的话，他就会盘算着如何削弱对手，而不是提高自己。心胸狭隘的人通过压制使得他人不能超过自己，使自己永远保住第一的位置。因此，如果我们与一个心胸狭窄的人打交道，就永远无法正常地发挥自己的能力，会感觉总有一个人在压着你，拖着你，让你举步维艰。

曹操虽是一代枭雄，但是也免不了心胸狭窄忌妒别人的弱点。他成就了一番大事业，但也因心胸狭窄，而葬送了他手下一些杰出的人才。

杨修为人恃才傲物，招来曹操的忌妒。

一次曹操的花园建好了，曹操在看过之后不置可否，只取笔在大门上写了一个"活"字就走了。

在场的人都不明白这是什么意思，杨修说道："门字里面填一个'活'字，就是一个阔字，丞相是嫌大门建造得太阔了。"于是工匠重新修建了大门，又请曹操来看。

曹操看过之后非常高兴，问道："是谁知道我的心意？"左右人说是杨修。曹操虽然表面上称赞了杨修的聪明，但已经心生忌妒。

又有一次，塞北有人送来了一盒酥，曹操在盒子上写了"一盒酥"三个字，把盒子放在案上。杨修看了曹操写的内容后，就拿勺子和大家把酥分食了。

曹操问其原因，杨修说道："盒子上明写着一人一口酥，我怎敢违抗丞相的命令。"曹操大笑，可是心里已经很讨厌杨修了。

曹操生性多疑，唯恐别人会趁自己睡觉的时候杀了自己，常常吩咐左右道："我梦中喜欢杀人，我睡着的时候大家不要靠近。"一天白天，曹操在帐中睡觉，被子掉在地上，一个侍卫过来帮曹操把被子盖好。曹操突然跳起来，拔剑杀了侍卫，又上床继续睡觉。醒来之后，曹操故意惊问道："是谁杀了侍卫？"左右侍从把实情告诉了他，曹操痛哭，下令厚葬侍卫。此后所有人都相信曹操会在梦中杀人。只有杨修知道曹操的真实用意，在埋葬侍卫时叹息道："丞相不在梦中，你才是在梦中呢！"曹操听说后，越发厌恶杨修。

后来杨修又利用自己的聪明才智帮助曹植争夺王位的继承权，从而又加重了曹操对他的厌恶。

一次，曹操与刘备征战的时候处于下风，兵退斜谷，进也不是，退也不是，正在犹豫不决之时，恰好厨师端上鸡汤来，曹操看见汤中有鸡肋，不禁有感于怀。这时候，正好夏侯惇进帐请示夜间的口令，曹操随口道："鸡肋，鸡肋。"夏侯惇便传令官兵，以"鸡肋"为号。

杨修听到"鸡肋"的号令后，就叫随行的士兵收拾行装，准备归程。有人就告诉夏侯惇，夏侯不解，问杨修为何要收拾行装。

杨修说："通过今晚的号令，就知道魏王不几天就要退兵了。鸡肋这个东西，吃起来没什么肉，丢了又可惜。现在我们进攻无法取胜，退兵又怕被人笑话。在这里待着也没什么好处，不如及早回去。过不了多久魏王必定班师，所以先收拾行装，免得临行慌乱。"

夏侯惇听后，觉得有理，于是就传令下去，寨里大小将士，无不准备归计。

当夜曹操心乱，无法入眠，就手提钢斧来营中巡视，看见将士们都在收拾行装，传令夏侯惇来问其缘故，夏侯惇便说主簿杨修知道大王想退兵的意思，曹操叫来杨修询问，杨修把鸡肋的意思告诉曹操。

曹操大怒道："你怎敢胡言，乱我军心！"就命令刀斧手将杨修推出去斩首示众了。

杨修的小聪明害了自己一条性命，可是由于曹操心胸狭窄的个性，同时也让他失去了一个良才。

宽心的人生处处禅

何必事事计较，不如处处宽心。

一位成功人士在总结自己的成功经验时说："在我看来，人生其实很简单，归根结底就是八个字，严于律己，宽以待人。如果能做到这一点，许多事情就能豁然开朗！"

为何要严于律己？因为不严会放松自我约束，让小错误发展成大错误。待人为什么要宽？为的是给人自新的机会。这是为人处世最重要的原则。核心是强调自悟，对事物的标准，要有一个超然的体悟，对是非的判断，要有一个尽可能客观公正的把握。

大将军徐达是大明王朝的开国功臣。徐达儿时与朱元璋一起放牛，长大后一起打仗。有勇有谋，深得朱元璋的喜爱。但是，就是这样一位战功赫赫的人，却从不居功自傲，而是律己甚严。

徐达经常跟士兵同甘共苦。遇到军粮不济，士兵填不饱肚子，他主动减少自己的饮食，分给部下；大军还没扎好营寨的时候，他从不提前进帐休息，一定会等到大家都安顿好了，他才放下心来；士卒受伤，他亲自端药治疗；如果有人牺牲，他会筹集棺木葬之。所以，明军将士对他无不感激又尊敬。

在生活方面，他也无声色酒财之好。史书记载说："妇女无所爱，财宝无所取，中正无所疵，昭明乎日月。"朱元璋曾赐给他一块好地皮，但正好处于农民的水路必经之地。家臣看到有这个好处，于是用这块地皮谋取私利，向农民征收"过路费"。徐达知道这件事情后，马上将此地上缴官府。

朱元璋在当上皇帝之后，用严刑重刑，杀了包括功臣在内的十多万人，可是徐达却得善终。他病逝于南京之后，朱元璋为之辍朝，悲恸不已，追封他为中山王，并将他的画像陈列于功臣庙第一位，称之为"大明第一功臣"。

能逃过朱元璋"诛杀功臣"的屠刀，可见徐达严于律己，宽以待人的处世之道到了一定的境界。

在现实中，人们却把这句话颠倒了一下，变成了"严于待人，宽以律己"。对自己很宽松，什么都能做，但对别人却要求极严，有一点错误就看在眼里，记在心上，有一点小事对不起自己就喋喋不休、没完没了。

"以圣人望人，以常人自待"，就是说用圣人的标准要求别人，却用常人的标准对待自己。这样的人，没有人会和他做朋友，做起事情来，也很难跟别人顺利地合作。因为他不懂得什么叫做"恕人"，只懂得用最苛刻的标准去要求别人，用最宽松的标准对待自己。这是一种严重自私自利的体现。

"宽以待人，严于律己"，不仅体现一个人在处世为人修养上的收放功夫，同时也是高尚品德的最好说明。宽以待人，首先要能做到无我而思；严于律己，最重要的是能克制自己的情绪。

对人心宽，自己先做到心里平淡而不多虑。平淡是真，真诚就会善待一切，就会做好每一件事情。拥有平静的心情，才会意气舒畅，做事情才会充满朝气和兴趣，才会有好的心情处理人际关系。心情好的人对任何人都会抱以宽容之心，不仅对仁人君子心宽，对势利小人更有自己的宽容之法。

史书记载：唐太宗在攻打潞洲的时候，路过一个有五代同堂的人家，问他家的长辈"若何道而至此？"意思就是说你们家有什么办法能够五代人同住在一起？

那家的长者对曰："臣无他，唯能忍而。"太宗以为然。如此简单的回答，没有什么特殊的办法，只不过能忍让罢了。忍，就是宽恕他人，也是善待自己。

史书上又载：张公艺九世居，唐高宗有事泰山，临幸其家。问本末，书百"忍"字以对。天子流涕，遂赐缣帛。由此可见，身为天子的高宗李治也深知处家立身的不易，就更明白治国的艰辛了。

教育家谢觉哉曾有一首著名的诗篇："行经万里身犹健，历尽千艰胆未寒。可有尘暇须拂拭，敞开心肺给人看。"康德也说过："真诚比一切智谋更好，而且它是智谋的基本条件。"可见，宽以待人需要自己的真诚，真诚的力量是能感动一切的。

如果生活欺骗了自己，请不要怀疑真诚的魅力。人只要具有宁可人负我，不可我负人的心理，就一定能用真诚之心去对待他人，一言一行也必定会表现出极大的宽容。

海涅告诉人们："生命不可能从谎言中开出灿烂的鲜花。"古人也说过："气性不和平，则文章事功，俱无足取；语言多矫饰，则人品心术，尽属可疑。"生存必定要竞争，但生活需要宽容。

笑对人生，生活风生水起

面对一些攻击，你可以嫣然一笑，视而不见。

我们几乎都有过遭人攻击的体会，比如，有人对你的相貌评价，"拿把尺量一下吧，离模特儿身材还差了好几寸！""你也不照照镜子，那副长相居然还有勇气活着?"又比如人们对你的能力的诽谤,"以他的能力,打死我也不相信他能胜任这份工作。"

面对诸如此类的攻击时,我们原来的心理平衡被打破,不免会情绪急躁,大动肝火,有时甚至会和别人争得面红耳赤,以眼还眼,以牙还牙,结果呢?争辩只能是越抹越黑,让别人的看法左右自己;斗,则大多是两败俱伤,彼此间感情恶化,自己也很难有好心情,这又何必呢?

举一个真实的例子。

美国佛罗里达州有一位年轻人本来各方面都很优秀,就是个性太好强、性格太固执。有一天,一个朋友说他没有能力,没有志气,只能靠父母养活,是一个"寄生虫"。这明显是一种攻击行为,这位年轻人一听极为愤怒,动手打了朋友,结果因故意伤人罪进了监狱。

因此,在面对别人的有意攻击时,我们与其情绪激动地反唇相讥,与人争斗,不如温和一点,宽容一点,坦然自若地去面对。这样既能维护好内心的平衡,又能和风细雨地化解矛盾,进而赢得别人的赞叹,何乐而不为。

从前,有一个叫吴智的人很瞧不起僧人,一次他在大街上恰好碰到了一位老和尚,于是便用尽各种方法讥讽、嘲笑老和尚,但是老和尚好像没听见似的,只是时常微微一笑,并不反击也不多言。

旁人都有些看不过去了,纷纷替老和尚抱不平,并不解地问老和尚为什么对于吴智的侮辱无动于衷,始终心平气和。老和尚轻轻一笑,回答道:"他是病人,我是医生,我要笑着面对。我可以深深记得,他为什么情绪如此激烈……因为他所感受到的痛苦必然比我所感受到的他的愤怒来得百倍之多。"

老和尚顿了顿，对吴智说："你能够再说多一些吗?"

吴智一下子变得面红耳赤，灰溜溜地走了。

"他是病人，我是医生，我要笑着面对"。看到了吧，这就是老和尚的自解之道，这是一种精神胜利法。虽然我们不提倡将对方当作病人看待，但是一个心胸过于狭窄、性情过于偏私的人必是精神上出了毛病的人。"清者自清"、"身正不怕影子斜"，只要我们端正自己的心态，温和宽容地对待攻击者，那么不管别人怎么攻击，都影响不了我们的情绪，更左右不了我们的生活。

当心理工作做完后，你发现这个时候你已经能够正确看待对方是个"病人"的事实了，当他继续中伤你，你就微笑，微笑……文学大师拜伦说："爱我的我抱以叹息，恨我的我置之一笑。"他的这一"笑"，真是洒脱极了，有味极了。笑容通常被人们认为是不败的象征，在他人嘲讽、恶意中伤你时，笑容是唯一可以化解隔阂，使你立于不败之地的有力武器。

退一步说，有的人攻击你，很大程度上是因为你比他优秀，能力比他强，他之所以攻击你，是因为心理不平衡，"吃不到葡萄说葡萄酸"。因此，嫣然一笑，视若不见，充耳不闻，使这种攻击行为伤害不到你，拖不垮你，拉不倒你，挡不住你，做自己应该做的事情。他望尘莫及时，只能欣赏你。

由于工作出色，何姿进入公司不到三年就被领导提拔了，她从一个普通会计晋升为了财会小组长。遇到这样的好事情，何姿心里自然是美滋滋的，上下班路上都哼着小曲，但是很快这种好心情就被破坏了。

有一个同事心里不平衡，觉得自己是老员工，凭什么这么好的机会让资历尚浅的何姿"捡"了。于是，她对何姿的态度尖刻了起来，说话很不客气，有时还带着"刺"："有些人爬得真快，也不想想是谁在给她垫着背。"……

听到这些，何姿自然明白对方所指，她很是气愤，但是理智控制了情感。办公室就几个人，她也不想搞得很僵，毕竟还要来往，而且自己也要发展和进步。于是，每当同事再对自己风言风语时，何姿都是嫣然一笑，继续埋头工作。

就这样，何姿顶着被否定的心理压力，不断地提高自己、完善自己，工作成绩越来越好，又一次次得到了领导的表扬。时间久了，这位同事也觉得何姿的工作能力的确比自己高出不少，也便不好意思再说什么了。

把心放宽一点，学着不计较吧！清者自清，以忍灭嗔，用实力证明自己，表现得自己非常有涵养。而且，用温和宽容的态度来"迎战"对方强硬的攻击时，你会发现，别人任何的无理攻击与诽谤会在你的柔声细语之中无用武之地，如此也就能和风细雨地化解矛盾，换来心安神定的人生境界。

总之，别人的攻击实际上就是一个圈套，在面对的时候，学着宽广一点，包容一点，不因他人的无理取闹、荒唐攻击而乱方寸，也不为此大动干戈，努力做好自己的事情，我们就能赢得安心之道，活出真我风采。

心若被囚，生活画地为牢

内心若被仇恨支配，又怎能享有安心之美？

古希腊神话里有这样一则名为"仇恨袋"的故事。

赫格利斯是一位非常勇猛的大神，他从来都是所向披靡，无人能敌。有一天，他行走在一条狭窄的山路上，突然一个趔趄险些摔倒。定睛一看，原来脚下躺着一只袋囊。他猛踢一脚，那只袋囊非但纹丝不动，反而气鼓鼓地膨胀起来。

赫格利斯恼怒了，挥起拳头又朝那个袋囊狠狠一击，但它依旧一动不动，还迅速地胀大着。赫格利斯暴跳如雷，拾起一根木棒朝它砸个不停，但袋囊却越来越大，最后将整个山道都堵得严严实实。

赫格利斯累得气喘吁吁，气急败坏地躺在地上。这时宙斯出现了，他淡然一笑，说："这个袋囊叫做'仇恨袋'。如果当初你不睬它，或者干脆绕开它，它就不会跟你过不去，也不至于把你的路给堵死了。"

纷繁复杂的都市生活里，我们时常会遇到"仇恨袋"，大至人生挫折，小至人际纠纷。普通人往往会像赫格利斯那样，一心想着对付"仇恨袋"，结果冤冤相报抚平不了心中的伤痕，只能将你与伤害你的人捆绑在无休止的报复战车上，让仇恨充斥内心，徒增痛苦，身心俱疲。

这里有一个著名的例子。

美国著名的建筑大王凯迪和飞机大王克拉奇曾经感情很好，凯迪有一个漂亮的女儿，而克拉奇有个年轻有为的儿子，于是两人不顾子女的强烈反对，撮合他们成了婚。遗憾的是，这两个年轻人的感情不好，经常吵架。后来，凯迪的女儿竟然不幸惨遭杀害，而据警方详细调查后，搜集来的证据都指向克拉奇的儿子。经过审判，法院做出判决，克拉奇的儿子谋杀罪名成立，被判终身监禁。

令凯迪一家较为恼火的是，克拉奇的儿子在事实面前却从来不承认是自己杀害了凯迪的女儿，而克拉奇也极力为儿子的罪行拼命奔走上诉，又千方百计，拐弯抹角地不惜重金为凯迪一家做经济补偿，以求得凯迪能为儿子说情。而凯迪一想到自己惨死的女儿，就心痛难忍，痛斥克拉奇的儿子是罪有应得，埋怨自己当初看错了人，这令克拉奇很是恼火。自此，凯迪和克拉奇从秦晋之好变为了敌人，仇恨无情地笼罩着这两个名门望族，他们的内心得不到片刻的平静，再没有真正地快乐过。他们明争暗斗，结果双方谁也没得到好处，都损失惨重。

就这样一年又一年过去了，在痛苦折磨了他们20年之后，事情终于真相大白，凯迪女儿的死根本和克拉奇的儿子无关。这件事在美国激起了轩然大波。面对记者的采访凯迪与克拉奇不约而同都说了同样的话："二十多年来，我们所受的心灵上的折磨是用任何金钱也支付不起的！"

仇恨面前谁都不肯让步，两个本来很要好的朋友厮杀了二十余年，不知他们的多少黑发变白发，也不知道仇恨夺走了多少属于他们的快乐，人的一生又有几个20年呢？！试想这样的人，内心被仇恨所支配，怎么可能享有安心之美呢？仇恨严重地摧残了心灵，的确是用任何财富都支付不起的。

既然如此，我们何必固执地抱着仇恨，让仇恨折磨自己也折磨他人呢？不妨敞开胸怀，学着宽广一点，包容一点，心平气和地容纳世间的是非对错，温和包容人世间一切的喜怒哀乐吧。宽恕是一种对人对事包容、接纳的气度和胸怀，也是对仇恨最好的回应。英国哲学家培根曾说："报复的目的无非只是为了同冒犯你的人扯平，然而有度量原谅别人的冒犯，就使你比冒犯者的品质更好。"

恰在这一点上，南非前总统曼德拉的经历特别值得人们学习。

南非前总统曼德拉是南非的民族英雄，在被白人政府关押了 27 年之后出狱。1994 年 5 月 9 日，曼德拉正式被国会选为总统，在宣誓就任总统的典礼上，他邀请了曾经看守他的三名狱警作为客人来参加典礼，并亲自向他们致敬！

此时，整个现场乃至世界都安静无声。毫无疑问，曼德拉的这一举动把人们惊呆了！因为谁都知道，这三名狱警在狱中不仅没有友好地对待他、照顾他，甚至还曾经想方设法地虐待过他。难道他不记得了吗？

在大家迷惑不解的目光中，这个饱经沧桑的老人发出了这样的感慨："当我走出囚室，迈过通往自由的监狱大门时，我已经清楚，如果自己不能把怨恨留在身后，那么我其实仍在狱中。"

曼德拉这一句深深的感慨，值得深思。换句话说，如果我们不能忘掉过去的仇恨，将其当宝贝一样抱着，那么无异于终生住在无形的"心的牢狱"里，生命永远得不到解脱。曼德拉没有仇恨虐待自己的狱警，更以不计前嫌的态度对待他们，他宽广的胸怀有如光风霁月，令人敬佩。

放下仇恨，原谅他人，让自己多一份轻松，对方也会多一份感动和感激，正所谓"人心不是靠武力征服，而是靠爱征服的"。更何况，一个人如果连仇恨都可以放下，那么他还有什么不能放下的呢？生活中没有任何烦恼能够囚困其内心，如此也就能轻松获得从容与安然。

不让自己的心困住，这比什么都重要。

把一切交给时间

春去春又来，花谢花又开。

活在纷纷扰扰的都市中，面对纷繁复杂的生活，我们会遇到太多的是非恩怨，一时间也理不出头绪。凡夫俗子纠缠其中不能自拔，非要弄个明明白白、清清楚楚，所以生活就有了那么多的烦恼、不快、痛苦，甚至颓废堕落，寻死觅活。

事实上，我们最需要的是持有一种温和宽容的态度，因为世界上没有什么是永恒的，也没有什么是不可改变的，时间是岁月的手，翻云覆雨间改变着生活！很多看来一成不变的事情会随着时间的推移出现前所未有的变化，很多先前久久不能释怀的情感会在慢慢地沉淀中找到注解。

所以，凡事千万不要偏激，想不开，不妨把一切交给时间。时间永不停滞，人世间的所有的痛，包括生离死别，有一天都会被时间静静风干。春来冰消雪会化，请相信时间。真的，人生没有过不去的坎。

伊莉原本是一个幸福的女人，可是有一段时间倒霉的事情接踵而至，她的丈夫因病去世了，不久她的儿子又坠机身亡。一连串的打击让她的心都碎了，她不知道今后的路自己能否坚持走下去，整日郁郁寡欢。后来，她因过度怀念丈夫和儿子在世的岁月，由怀念而生悲痛，结果病倒了。

了解到伊莉的病情和生活情况后，主治医生对伊莉说："你的病情太严重了，需要长期的住院治疗。但是你又没钱……我看这样吧，从现在开始，你可以在本院做零工，每天打扫病人的房间，以赚取你的医疗费用。"反正没有比这更好的活法了，而且就目前的情况来说，自己似乎根本别无选择。于是，伊莉开始手握扫帚，每天不停地忙碌着，将医院的各个角落打扫得干干净净。

时光如梭，渐渐地，伊莉发现自己不再那么怀念丈夫和儿子了，内心也恢复了平静。寂寞、担忧被驱除了，伊莉的身体也就好了起来。三年的时间里，由于经常接触病人，伊莉对病人的心理也了如指掌，后被院方聘任为陪护，再后来，伊莉还成为该医院的心理咨询师，她觉得自己新的人生就要开始了。

看到了吧，时间是医治一切创伤的"良药"。很多时候，当下那个我们以为迈不过去的坎，一段时间之后回过头看，其实早就轻松跳过；当下那个我们以为撑不过去的时刻，其实忍着、熬着也就自然而然地过去了。

春去春又来，花谢花又开。时间，让深的东西越来越深，让浅的东西越来越浅。时间最大的魔力就在于让人在面对一切已知的和未知的困难时都毫不担心，莫名地相信它会给一切事情一个最美好的答案，如此的态度往往能够解决很多问题，这就是将一切交给时间解决的理由。

有一位大公司的经理，常常收到代理商的投诉信。这些投诉通常无法解决又不宜拒绝。他的应付方法是，把信塞进一个写着"待办"字样的文件柜。他说："应该立刻予以答复，但我明白，如果答复就等于和他争辩，争辩的结果不外乎对人说'你错了'，这样不如索性暂时不处理。"事情的最后结果如何？他笑着回答说："我每隔一段时间把这些'待办'的信拿出来看看，又放回文件柜去，其中大部分信件在我第二次拿来看时，里面所谈的问题都已成为过去或已无须答复。"

把一切交给时间，这不是消极，而是一种历练后的生活智慧。

总之，如果你要做一件事，而这件事的名字叫做忘记，那么时间就是最好的助力；当你不得不忘记，却又无能为力时，时间是最好的助力；当你做不了决定，左右为难，徘徊犹豫时，时间就是最好的解药，总有一天，一切都会有答案；如果，你正逢生命难关，别泄气，时间会帮你抚平伤痛的。

时间是医治一切创伤的"良药"，请耐心地等待。春去春又来，花谢花又开，时间会带给你所要的安宁。把一切交给时间吧，且闲庭信步，看花开花落。

快乐的日子将会到来

"生活是不公平的，你要去适应它。"——比尔·盖茨

每一个人都期盼着公平，但是绝对的公平是不存在的。遭遇生活的不公平时，很多人无法适应，怨天尤人，整天活在忧郁之中，这或许能解一时之气，但我们也就等于被生活击垮了，更别提获得安然的生活方式了。

试想，如果你大学毕业后被分在基层工作，你一边愤愤不平，一边敷衍工作，那么你还会有升职的机会吗？恐怕不能，因为老板会认为你连最简单的事情都做不好，根本不会有责任和能力去做更高级的工作。

上天眷顾的人只是少数，而我们只是那大多数中的一部分。既然这样，我们何必对那些不公平的人或事耿耿于怀呢？正确的方法是温和宽容、平心静气，不被不公平所牵绊，思考如何更好地适应生活的不公，创造公平。正如比尔·盖茨所说："生活是不公平的，你要去适应它。"

蔡琰来自西安山区的一个贫穷农村，专科毕业后为了谋生他来到西安一家大型企业做保安。最初，这个小保安感到很沮丧。

蔡琰感觉自己不被尊重，他一度眼红，很不服气："命运为什么这么不公平？凭什么那些白领们在干净优雅的办公室里办公，而我却要站在风里雨里站岗？"不过，他很快调整了自己的心态，决定努力缩小与这些人的差距，之后他利用所有的闲暇时间来充实自己，他利用休息时间攻读英语、经济管理、社会心理等课程。由于什么都是从头学起，蔡琰学得很拼命，就算是坐火车回老家时他也拿着书在看。有时，看到周围的队友业余时间在看电视、打篮球，他也心里痒痒的，但一想起别人说的话，他就会咬牙学下去。

就这样，刻苦了近三年，蔡琰通过成人高考考上了西安师范学院的经管系，他一边工作，一边学习。通过几年的认真学习和实践锻炼，他的个人能力得到了提高，并以全班第一的优秀成绩毕业。一毕业，他就被一家大型企业录用了，月薪比原来翻了好几倍，他已经是一名真正的白领了。

出身贫困，没有学历，蔡琰面临了太多的不公平，但是他凭着勤奋与坚持，取得了令人瞩目的成功。这个事例告诉我们一个道理：不要在公与不公上过多计较，放弃抱怨和愤怒，接受不公平的现实，及时做一些更有价值的事情，把力用在发展能量、提高自己上面，那么早晚有一天生活会给我们公平的回报。

面对生活的不公平，每个人因为自己的修养、意志、胸怀、境界的不同，会有不同的态度，会做出不同的反应。正是这种不同，造就了一个人和另一个人，一些人和另一些人的不同人生。换句话讲，一个人的生活未来和成长实现，主要取决的不是他如何面对公平，而是他在不公平环境中有怎样的表现。

有这样一种人——他们早已知道，生活中没有绝对的公平。当不公平出现的时候，他们不会愤怒，不会抱怨，也不会惊慌失措，而是把它当作人生必修之课去应对，必做之题去演算。无论生活是公平的还是不公平的，他们都能够温和宽容地对待，坚持自己给自己公平。

在这方面，文艺复兴时期英国最杰出的戏剧家和诗人莎士比亚是一个经典的楷模！

莎士比亚在很小的时候有机会接触到了剧团演出，他好奇一个小小的舞台竟能演出一幕幕变幻无穷的戏剧来，便暗下决心：要终身从事戏剧事业，当个戏剧家。但是，当时英国的戏剧工作是一个高级的职业，活跃着一批受过高等教育，而且在戏剧方面有些成绩的"大学佳人"、职业剧作家，他们垄断了剧坛，根本不许普通人插入。

为了更加接近戏剧事业，莎士比亚主动到戏院做马夫，专门等候在戏院门口伺候看戏的绅士。待表演开始后，他就从门缝或小洞里窥看戏台上的演出，边看边细心琢磨剧情和角色。回到家后，他时常模仿台上的人物和戏剧情节，有声有色地演戏，他还发愤地翻看文学、历史等方面的书籍，自修希腊文和拉丁文，掌握了许多戏剧知识。

终于，莎士比亚等到了一个上台表演的机会。有一次，剧团需要临时演员，莎士比亚"近水楼台先得月"。由于出色的理解力和精湛的演技，他的表演得到了大家的肯定，不久就被剧团吸收为正式演员。之后，莎士比亚大量阅读各种书籍，了解了各国的历史和人民不幸的命运。27 岁那年，他写了历史剧《亨利六世》三部曲，正式进入了伦敦戏剧界。1595 年，他又写了《罗密欧与朱丽叶》，剧本上演后，莎士比亚名震伦敦，成为英国戏剧界大师级人物。

　　面对周围不尽如人意的环境，莎士比亚并没有整天抱怨人生的不公平，而是从戏剧界最底层的马夫做起，努力学习戏剧知识，最终将现实中令人不满意的成分降低到了最低限度，成为了一名闻名海外的戏剧家。

　　唯有适应当下的环境，才有机会去改变自己的处境。

　　普希金有一首短诗《假如生活欺骗了你》："假如生活欺骗了你，不要忧郁，不要愤慨；不公平时，暂且忍耐。相信吧，快乐的日子将会到来。"不要奢望自己成为上帝的宠儿，假如生活欺骗你，给了你诸多不公平的待遇，那么请接受普希金的忠告吧，"不公平时，暂且忍耐"。

当你踩到紫罗兰

　　"宽容就像清凉的甘露，浇灌了干枯的心灵……" ——雨果

　　路旁，一朵小小的紫罗兰花开了。

　　有人从路上跑过去时，脚踩了紫罗兰。

　　"你疼吗?" 树上的小鸟问。

"虽然很疼，也要忍耐一下，人们不是故意踩我的呀！"紫罗兰这样说着，静静地挺直了身躯，然后把身子一晃，好闻的香气浓郁地弥漫开来。

当一只脚踩到了一朵盛开的紫罗兰时，紫罗兰非但不会埋怨，还将一缕幽香留在那只伤害了它的脚上，将芳香撒满人间。踏花的人无情，紫罗兰却有情，以恩抱怨。这是一种什么品质？这种品质就叫宽容。

因为生存的空间不同、成长的环境不同，也由于后天各类因素的影响，每个人都有不同程度的弱点与缺失，在人际交往中难免产生摩擦、矛盾等。此时，我们应该学会忍耐，学会宽容，这是对别人的释怀，也是对自己的善待。

春秋时楚国内乱，平息后，楚庄王以美酒佳肴宴请文臣武将，并让后宫妃嫔出来敬酒，给大家助兴，楚王最宠幸的许姬也在其中。酒到半酣刮起大风，吹灭了所有烛火，大厅里一片漆黑。黑暗中，不知是谁仗着酒兴想轻薄许姬，在拉扯的过程中，许姬扯下了那个人官帽上的缨带，跟楚庄王说："大王，刚才有人趁乱想非礼臣妾，不过我拔下了那个人的帽缨，待重新点亮蜡烛就能查出此人。"

许姬原以为楚庄王会为自己做主，没想到楚庄王却对大家说："寡人今日设宴，大家都要开怀畅饮，不醉不归。为了让大家不要顾念君臣之礼，请诸位把帽缨摘掉，尽情地畅饮。"待到烛光重新点燃，朝堂上坐着的全是没有帽缨的人。许姬环视了一下，看不出来谁是刚刚调戏自己的那个人，便拂袖离去了。

三年后，晋国侵犯楚国，两国开战，楚庄王亲自带兵与敌人交战。楚庄王发现，在自己的军中有一员猛将，他不仅在战场上奋勇杀敌，而且还带动了其他将士的作战情绪，使得自己的军队能够一次又一次地获胜。有一次，楚庄王深入险境，险遭杀身之祸，幸亏这位将军拼死护驾，才让他成功脱离险境。

凯旋的时候，楚庄王要对那位将军进行封赏。他问那位将军想要什么，可那位将军什么都不要，而是立刻跪倒在地说："大王已经赏赐过了，上次在黑暗中，酒后失德调戏许姬的正是末将。大王以宽广的胸怀，饶恕了我，不但没有治我的罪，反而想尽办法，保我周全，我只有奋勇杀敌才能报答大王。"

在这件事情中，将军的行为无疑是对君王的侮辱，但楚庄王并没有生气，反而以宽容忍让的精神掩护了此人，结果换来了这位将军的奋勇杀敌、忠心耿耿。设想，如果楚庄王当初将那位将军斩首示众，又怎么会赢得他的以死相报呢，也许楚庄王就会死在战场上，更别提成就一番霸业了。

学着对别人宽容一点吧，以博大的胸怀去宽容别人。宽容是一种无声的教育，正像紫罗兰一样默默给人留下启示，当它把香味留在你脚下的那一刹那，又同时给人留下了崇高与豁达的印象，你还会因此获得化干戈为玉帛的魔力，从而能够从容不迫地游走人际，安然享受生活的乐趣。

雨果曾说："宽容就像清凉的甘露，浇灌了干枯的心灵；宽容就像暖和的壁炉，温热了冰凉麻痹的心；宽容就像不熄的火炬，点燃了冰山下将要熄灭的火种；宽容就像一只魔笛，把沉睡在黑暗中的人叫醒。"在这个世界上，没有什么能跳出宽容的胸怀，没有什么能抗衡博爱的温暖。

世界上最宽阔的是海洋，比海洋更宽阔的是天空，比天空更宽广的是胸怀。把自己的心胸打开，用温和宽容的气度去容纳他人……你，看到了吗？你心中的紫罗兰已经盛开了。它那灿烂的笑容是生命旋律上的一丝颤音，是出水芙蓉上的一滴清露，还是岁月书卷中的一页温馨！

第九辑

乱花中不迷路，泥淖中不抱怨

心若计较，处处都是怨言；心若无怨，时时都是春天。静下心来，克制情绪，境随心转，减去一分痛苦和煎熬，日日如沐春风，时时清凉无忧。

快不快乐都是一天

快乐就是，不纠缠，不羁绊，内心安宁。

一个人正准备享用一杯香浓的咖啡，餐桌上放满了咖啡壶、咖啡杯和糖，心情无比放松。这时一只苍蝇飞进房间，嗡嗡作响直往糖上飞，顿时好心情全无，烦躁无比，起身追打苍蝇，于是桌子翻了，杯子碎了，咖啡汁遍地皆是，片刻之间房间一片狼藉，而最后苍蝇还是悠悠地从窗口飞走了。

在生活中，我们随时可能会遇到类似的情景，常被一些小事情所羁绊，弄得心烦意乱……"很多时候，让我们疲惫的并不是脚下的高山与漫长的旅途，而是自己鞋里的一粒微小的沙砾。"哲人的这一句话一针见血地道出了我们烦恼的根源，指出生活很可能会被一些小事给拖垮了。

先来看一个故事。

在科罗拉多州长山的山坡上，躺着一棵已有一百四十多年历史的大树残躯。在漫长的生命长河中，它曾被闪电击中过14次，被无数次狂风暴雨侵袭，但是它都坚持了下来，结果后来一小队甲虫的攻击使它永远倒在了地上。那些小甲虫虽然小，但它们从根部向里咬，持续不断地攻击，渐渐损伤了树的根基。这样一株巨木，岁月不曾使它枯萎，闪电不曾将它击倒，狂风暴雨不曾动摇过它，却因一小队用大拇指和食指就能捏死的小甲虫，终于倒了下来。

我们不就像森林中那棵身经百战的大树吗？我们也经历过生命中无数狂风暴雨和闪电的袭击，也都撑过来了，可是却总是让忧虑的小甲虫侵蚀——那些用大拇指和食指就能捏死的小甲虫。你是否因为在上班的途中遇到堵车，烦躁随之而来？你是否因为不小心被人踩到了脚，心情变得异常糟糕？……

你甘愿被这些小烦恼困扰吗？甘心被鞋底的"沙"拖垮吗？不，你要想办法解决它，摆脱它。因为生活是丰富的，活着不是为了生气，我们每日每时有许多事情要去做，那么多的美好和快活有待我们去欣赏和感受。

常为小事烦恼，人生苦多乐少。事实上，那些过得快活而安然的人会随时倒出那些烦人的"小沙砾"，他们心胸宽广，心境超脱，不为鸡毛蒜皮之事抓狂、斤斤计较，如此也就求得了心理上的平静，境随心转得安然。内心世界清静了，也就能腾出更多的精力去放眼世界，俯瞰红尘中的万物千事。

有些事情我们在经历时总也想不通，直到生命快到尽头时才恍然大悟。换句话说，一个人会觉得烦恼，是因为他有时间烦恼。一个人会为小事烦恼，是因为他还没有大烦恼。因为若遇到大烦恼，遇到生命危险的时候，原先的小烦恼是那么渺小、荒谬，实在没有理由为此烦恼。

第二次世界大战期间，一位名叫罗伯特·摩尔的美国人的经历给了我们深刻的启迪。

1945 年 3 月，罗伯特和战友在太平洋海下的潜水艇里执行任务，他们从雷达上发现一支日军舰队朝这边开来，于是就向其中的一艘驱逐舰发射了 3 枚鱼雷，可惜都没有击中，却被对方发现。3 分钟后，天崩地裂，6 枚深水炸弹在潜水艇四周炸开。深水炸弹又不断投下，整整 15 个小时，有二十多个深水炸弹在离他们 50 英尺左右的地方炸开。若深水炸弹离潜水艇不足 17 英尺的话，潜水艇就会被炸出一个洞来。

这回完蛋了，罗伯特吓得不敢呼吸，全身发冷，牙齿打颤。这 15 个小时的攻击，感觉上就像有 1500 年。过去的生活——浮现在眼前，他想到自己曾为工作时间长、薪水少、没机会升迁而发愁；也曾为没钱买房子，买车子，买好衣服而忧虑；还为自己额头上的一块伤疤发愁过。以前这些事看起来都是大事，可是在深水炸弹威胁着要把自己送上西天的时候，罗伯特觉得这些事情是多么的荒唐、渺小，他向自己发誓："如果我还能有机会看见明天的太阳，我永远也不会再为那些小事烦恼了。"

15 小时之后，那艘布雷舰的炸弹用光，攻击停止了。自此，罗伯特过上了另外一种全新的生活，他再也没有为生活中的小事感到烦恼过，不纠缠，不羁绊，变成了一个内心安定与平静的人，无疑这为他在生活中创造了巨大优势。

"如果还有机会看到太阳和星星的话，我一定不为小事而烦恼"，这是经过大灾大难才会悟出的人生箴言！当死亡临近的那一刹那，其他什么事情都会变得渺小，也不值得为此烦恼。毕竟生命是无价的，任何代价都换不来生命，死亡是最大的烦恼。人生在世，时间短暂，何必为小事斤斤计较呢？

而且，从医学的观点看，经常为小事烦恼，对身心健康也是极其有害的。有一首曾经很流行的歌《莫生气》，歌词唱得好："人生像是一场戏，因为有缘才相聚。相遇相知不容易，是否更该去珍惜。为了小事发脾气，回头想来又何必，别人生气我不气，气出病来无人替。我若气坏谁如意，而且伤神又费力。"

总之，难过也是一天，快乐也是一天。你的今天要怎么过，完全取决于你。随时倒出鞋里烦人的"小沙砾"，对自己说："我还能有机会看见明天的太阳和星星，何必为那些小事烦恼。""这只是一件鸡毛蒜皮的小事，根本不值得我发火。"如此做了，你将走出坏情绪的旋涡，心情焕然一新。

我们的爱需要自己成全

低头的瞬间成就了爱。

生活中难免会遇到不开心和不顺心的事，特别是在婚姻生活中，夫妻俩因为某些事存在着不同看法和意见，如果双方总是怒火冲冲，以吵架的方式来解决，那生活真是乱了套了，也就没什么幸福和快乐可言了。

有一对夫妻结婚十多年了，他们之间偶尔也争吵，但这一次吵得很凶，其实也不是什么大事，就是为了洗衣服的事情而发生了争执。那次丈夫洗衣服忘了搜口袋，面巾纸被水泡烂了，结果妻子只穿过一次的运动服上沾满了白色的纤维。

妻子立马把运动服拽下来，找丈夫算账。

丈夫满不在乎地说："没事，你重洗一遍就好了。"

"根本洗不掉。"

"那就重新买一件。"

"你是大款吗？为什么洗前不看看？说过多少次了，你为什么不听？你根本就是应付，一点爱心和责任心都没有……"妻子越说越气，从洗衣服说到做饭，从做饭说到买菜，总之连几年前给女儿洗尿布没洗干净的事也翻了出来。

丈夫一怒之下，把那件衣服夺过来，扔到了地上。见丈夫不仅不安慰自己，还胡乱发火，妻子开始收拾衣物，并扬言要离开家。虽然这么说，她的动作却是迟缓的，她希望丈夫能主动求和，但丈夫什么也没说，什么也没做。

妻子失望了，真的离开了这个家，去了娘家，一住就是一个月。其间，她想给丈夫打电话，但她想："他是男人，要先打给我！"于是，僵持继续着。悲剧终于发生，丈夫提出了离婚。

事例中，这对夫妻因为一件衣服，导致了双方之间一场不愉快的争吵，又因为谁都不愿意让步，坏心情伤感情不说，最后还失去了婚姻，丢掉了幸福。想想真是让人感慨万千，为其不值。

事实上，生活琐事很难评出对错，婚姻里哪有绝对的对与错？走在一起的两个人，性格、价值观和生活方式上难免都会有所差异，对某些事存在不同看法和意见。只要不是原则性问题，何必和自己亲爱的人憋气呢！不妨来点低头表现。

什么是"低头"呢？就是学着适当地做出妥协和牺牲。争吵不是单纯为了宣泄愤怒情绪，而是使复杂的问题变得明朗化。吵架并不是为了伤害对方，而是为了沟通。因此，我们要尽量本着沟通的目的，克制自己的情绪，心平气和地说出自己的想法，给对方一个思考和回旋的余地。

本着沟通的目的，愤怒而不失理智，你会发现，原来对于很多在意的问题来说，爱的基础上的妥协是成本最小的解决之道，爆发上述冲突的可能性就会被降到最低水平，而且相信他一定会愈加地珍惜和爱你。而且，看着自己的爱人每天心情轻松、满面春风，自己不也感到幸福吗？

曾看到这样一个故事。

一对夫妻历经磨难才走到一起，结婚一个月却开始了吵架。原因是男人总是喜欢从牙膏中间挤牙膏，而女人却认为一定要从牙膏的尾部挤牙膏，两人谁也不肯让步，为此时常爆发争吵，于是他们决定分居。

分居的日子里总是难耐的寂寞，他们明白彼此依然深爱着对方。只是他们都非常好强，谁也不肯向对方低头，就这样，他们分居了一个月。最终，妻子提前准备了烛光晚餐，准备向老公妥协，挽救他们的婚姻和爱情。

正当妻子做老公最爱的红烧大蟹时，忽然看到一只蟑螂从她脚下窜过，妻子并没有多害怕，但她灵机一动，拿起电话拨通了老公的号码："喂！亲爱的，你赶快回来，家里有只蟑螂，我快被吓死了。"那边的老公只一句"遵命"便立即赶回了家。

两人吃着烛光晚餐时，妻子主动向丈夫道歉，以后她不再管丈夫是怎么挤牙膏的，有时干脆每天早上给他挤好牙膏，而丈夫也自觉地开始从牙膏的尾部挤牙膏。就这样，两人不再争吵了，他们的爱情复活了，婚姻复活了。

看到了吧，只要不违背原则的事，低个头没有什么，低头不见得就是认错，这只是你向对方发出的一个和好的信号，不但显示不出你懦弱，反而能体现出你的大度，退两步是为了进三步，如此生活中也就少了几分怒气，多了几分喜气，正可谓低头的瞬间成就了爱。既然如此，我们为什么不能低一次头呢？

一对中年夫妇婚姻濒临绝境，多年间他们总是因为生活小事不断地吵架，最后互不理睬，然后双双认为"过不下去了，坚决要离婚"。在决定离婚这天，两人相约一起爬一次市区附近的一座山，也算是最后的浪漫之旅。

当时，大雪弥漫，刮着西风，他们拿着帐篷、棉被，来到这座山上，望着飘飘扬扬的大雪。就在这时，一个奇异景观把他们吸引了。只见雪松隔段时间就弯下树枝，直到积雪从枝头滑落，然后倏地弹起；等大雪再次落满枝头，又弯下树枝……如此反复，树枝完好无损。可其他的树，却因没有这个本领，树枝被压断了。

妻子发现了这一景观，对丈夫说："东坡肯定也长过杂树，只是不会弯曲才被大雪摧毁了。"顿时，两人颇有感悟：婚姻就是一棵大树，如果不像雪松那样低头，不也只有被压断的结局吗？正如他们眼下的婚姻。两人明白了，紧紧地拥抱在一起。

奔波在都市生活中，我们已经活得很累了，不管是男人还是女人都不容易。如果真正爱对方，想要跟对方一起幸福地生活下去，就要尽可能地去承受婚姻的压力，在承受不了的时候，就要改变一下思路，学会向对方低头，像雪松一样弯曲一下，这样就不会被压垮，出现柳暗花明又一村的无限风光。

记住，夫妻之间不是敌我矛盾，低头才能温润彼此脆弱的心。

人生何必太较真

山穷水尽时，该转弯就转弯。

有句话说得好："日出东海落西山，愁也一天，喜也一天；遇事不钻牛角尖，人也舒坦，心也舒坦。"的确如此。什么是钻牛角尖呢？在一般情况下，这用于形容遇事思维僵化，办事不知变通，最终山穷水尽、无法自拔。

章鱼是海洋生物中一种庞大的动物，成年章鱼体重将近32公斤，不过它们的身躯却非常柔软，而且没有脊椎，这使得它们可以随意将自己塞进任何一个想去的地方，甚至一个银币大小的洞，以伺机捕捉其他海洋生物。但是，聪明的渔民们有办法制伏章鱼。他们将小瓶子用绳子串在一起深入海底。章鱼一看见小瓶子，都争先恐后地往里钻，不论瓶子有多么小、多么窄。结果，这些在海洋里无往而不胜的章鱼成了瓶子里的囚徒，变成了渔民的猎物，变成了人类餐桌上的美味。

是什么囚禁了章鱼？是瓶子吗？不，囚禁了章鱼的是它们自己。它们固定着思维模式，总喜欢向着最狭窄的地方走，不管走进了一个多么黑暗的地方，即使是走进了一条死胡同，结果将自己逼上了"绝路"。

现实生活中，许多人的思想也如同钻进瓶子里的章鱼一样，最终囚禁了自己。在遇到苦恼、烦闷、失意时，也一味地喜欢往"瓶子"里挤，往牛角尖里钻，结果越想烦恼的事情就越生气，越生气自我感觉就越不好，使自己的视野变得越来越狭窄，思想也越来越失去智慧和光泽。

现在，你是否身陷困惑与烦恼呢？有解决的办法吗？有！

当遇到"山重水复疑无路"的特定时期时，假如我们能够不钻牛角尖，打破传统的思维，多一点创造性思维，该转弯时就转弯，那么问题便可迎刃而解，出现"柳暗花明又一村"的景象，许多事情也都能变不可能为可能，甚至能变坏事为好事，如此也就没有什么烦恼而言了。

摩诃是德国西部某小镇上的一个农民，前段时间他看上了一片售价很低的农场，但是当他真正买下那片农场后才发现自己上当了。因为那块地既不能够种植庄稼和水果，也不能够养殖，能够在那片土地上生长的只有响尾蛇。

面对这样的事情，很多人都替摩诃惋惜，不过摩诃没有气急败坏，因为他知道生气也没有用，不如想想办法，把那些"坏东西"变成一种资产！很快，他就发现一条好的出路，所有的人都认为他的想法不可思议，因为他要把响尾蛇做成罐头。之后，装着响尾蛇肉的罐头被送到世界各地的顾客手里，他还将响尾蛇蛇毒运送到各大药厂做成血清，而响尾蛇皮则以很高的价钱卖出去做鞋子和皮包，总之响尾蛇身上的所有东西一下子在他手上都成了不可多得的宝贝。

出人意料的是，摩诃的生意做得越来越大，这让很多人刮目相看，摩诃成了当地的名人，也成了当地人们争相学习的楷模。现在，这个村子已成为了旅游景区，每年去摩诃响尾蛇农场参观的游客差不多都有上万人。

买下一块不能够种植，也不能够养殖的农场，对任何一个人来说都是一件糟糕的、无可救药的事。值得庆幸的是，摩诃并没有死钻牛角尖，非要将它当它农场一样经营，也没有一味地生气抱怨，而是想到如何从这种不幸中脱离出来，于是真的改变了自己的命运。这是奇迹吗？是奇迹，但也是必然。

在生活和工作中有许多问题很难用直接求解的方法得出答案，这时不要凡事都幻想着走直径，不如在理性分析的基础上独树一帜，适时地变通一下，从侧面来思考问题，该转弯时就绕绕道。曲中有直，直中有曲，这是辩证法的真谛，也才能真正地"运筹帷幄之中，决胜于千里之外"。

为此，我们应该学一学水的智慧。你看，河流行径之地总有各种的阻隔，高山、峻岭、沟壑、峭壁，但是水到了它们跟前，并不是一头冲过去，而是很快调整方向，避开一道道障碍，重新开创一条路。正因为此，它最终抵达了遥远的大海，也缔造了蜿蜒曲折、百转迂回的自然美。

有这样一个真实的故事曾广为流传。

有一位年轻人，他是德国一所著名大学的计算机系的博士毕业生。毕业后，他想在国内找一份理想的工作。可是，由于他的起点高、要求高，结果连续找了好几家大公司，都没有录用他。思来想去，年轻人决定收起所有的学位证明，以一种最低身份求职，他拿着自己的高中毕业证前去寻找工作，并声称自己只想在工作岗位上锻炼自己，学习学习，哪怕不给工资也愿意做。

不久，年轻人就被一家大企业聘为程序录入员。程序录入员是计算机的基础工作，对他来说小菜一碟，但他干得一丝不苟，看出程序中的错误时他向老板提了出来。老板看他非一般的程序录入员可比，对他自然多了一份欣赏，同时也很好奇。这时，年轻人亮出了自己的学士证，于是老板给他换了个与大学毕业生对口的工作。又过了一段时间，老板发觉在这个工作岗位上，他还是比别人做得都优秀，就约他详谈，此时他才拿出了博士证。

老板对年轻人的水平已经有了全面的认识，又佩服他能够踏踏实实地做好每一项工作，便毫不犹豫地重用了他。

面对棘手的问题时，这个年轻人并没有被蒙蔽，消极地逃避或搁置问题，而是保持冷静的头脑，适时地变通了一下，结果找到了好工作。这个故事又一次验证了：遇事不钻牛角尖，不站在原地自怨自艾，才能寻找到解决问题的好办法。

在山穷水尽的时候，不钻牛角尖，该转弯时就转弯，在迈出困境时，也许就获得了"柳暗花明又一村"的改变，如此我们也就会少一些郁闷，多一些开心；少一些烦恼，多一些幸福，人也舒坦，心也舒坦。什么难题在你这里都不是问题，人生如此，该是何等的洒脱，何等的惬意。

解除愤怒的情绪

要解决问题，就用冷静停止愤怒。

怒，从字面上看，就是一种能够把心变成奴隶的力量。不管你平素是多么理性、多么干练的人，一旦怒火中烧，就会完全丧失平日的自己。难怪有人说，愤怒是驾驭人的"暴君"，理性往往会被愤怒打败。

你曾经有过这样的经历吗？受到领导或同事批评后委屈不已，或者暴跳如雷，不愿上班？和别人争吵后，气得上街乱逛，买一堆不合时宜的东西泄愤？……像这类"犯规"的举止，偶尔一次还不要紧，如果经常这样，可就要小心了！因为不知不觉中，你已经成了情绪愤怒的"奴隶"。

那么，人就只能任凭愤怒驱使，做它的奴隶了吗？当然不是。美国作家罗伯·怀特曾经说过："任何时候，一个人都不应该做自己情绪的奴隶，不应该使一切行动都受制于自己的情绪，而应该反过来控制情绪。无论境况多么糟糕，你应该努力去支配你的情绪，把自己从黑暗中拯救出来。"

的确，生活中的很多悲剧多数是因愤怒引起。为此，我们应该学做情绪的主人，当怒火中烧时立即放松自己。气球太饱会爆，假如我们能够时常给"气球"松松绑，如此就能把激怒的情境看淡看轻。当怒气稍降时，对刚才的激怒情境进行客观评价，如此也就能够更好地解决问题。

一个大庄园里有十几个长工，长工们闲来无事常常坐在一起开玩笑，有时玩笑过火了就会起冲突。很多时候，冲突过后他们谁也不答理谁，还会将怒火发泄到工作中去，结果将农田弄得一团糟。有这样一个人，每次当他和别人发生争执生气的时候，他便以很快的速度跑回家去，绕着自己的房子和土地跑三圈，跑得气喘吁吁，然后再回来继续工作，就像什么事情也没有发生过一样。

这样次数多了大家都很好奇，询问这个人到底是怎么一回事，他每次都笑而不答，众人也理不出头绪。由于他鲜少与人结怨，又踏实能干，薪水涨了又涨，房子越来越大，土地也越来越广。但是，只要与别人争论生气时，这个人还是会绕着房子和土地跑三圈。渐渐地，他很老了，但他还是会生气，一生气他还是会拄着拐杖，或者在孙子的搀扶下，艰难地绕着房子和土地走。

有一次，这人在孙子的搀扶下，喘着气走完三圈时，孙子终于憋不住了，恳求地说："爷爷，明明是对方的错，你为什么要这样惩罚自己呢？您可不可以告诉我这个秘密？"禁不起孙子的苦苦哀求，这个人终于说出了隐藏在心中多年的秘密，他说："我这不是在惩罚自己，而是在解脱自己。我一跑步就会累，等跑完了，心中的怒火就消了，心情就好了，接下来就能好好工作了。"

如果你每次生气时也能像故事中的这个人这样，给自己找到宣泄情绪的窗口，给心中的"气球"松一松口，平息即将爆发的怒火，相信你将把更多的时间和精力用在有意义的事情上。同时，你还会在思想境界上得到极大的升华，成为一个快活无忧的人，获得一种从容安然的人生。

有个日本老板想出一个奇招，专辟房间，摆上几个以公司老板形象为模型制作的橡皮人，有怒气的职工可随时进去对"橡皮老板"大打一通，揍过以后，职工的怒气也就消减了大半。

如果你平时生气了，出去参加一次剧烈的运动，看一场电影，或者散散步，这些与痛揍"橡皮老板"有异曲同工之妙。

不过，不是所有的人都会采取同样的态度来控制怒气，其中一个颇具效果的制怒方法便是施行"时间延宕法"，生气时多数数。美国前总统汤玛士·杰弗逊为这个策略下了结论："当愤愤不已的思绪在你的脑海中翻腾时，最好的制怒方法就是在开口前数十下；如果愤怒异常，那么就数到一百吧！"

另外，还有几个口诀可以更有效地控制自己的脾气，给心中的"气球"松口，每天你可以在心里对自己多念几次："我可以抑制自己的怒气"、"我可以缓和自己的怒气"、"我可以常保冷静和谐之心"、"我可以如岩石般屹立不摇"……增强心理承受能力，强化理智的力量，如此情绪就得到一定程度的释放，你也就拥有了一定的自控能力。

克制自己的怒气，做到平心静气，绝对是一种高深的境界。

一位法师化缘后走在街上，没想到迎面撞上一位彪形大汉。大汉慌忙闪躲，不想胳膊撞到法师的眼镜上，而眼镜磕到了法师的眼皮上，把眼皮磕青了，随即掉在地上，镜片摔得粉碎。这个大汉没有丝毫愧疚，理直气壮地吼道："谁叫你戴眼镜的！"

法师什么也没说，微微一笑。

见此情形，大汉觉得奇怪，便问："喂，我把你的眼镜碰碎了，你为什么不生气？"

法师微微一笑，回答："我为什么一定要生气呢？生气既不能使破碎的眼镜重新复原，又不能使脸上的瘀青立刻消失，苦痛解除。再说，我对您破口大骂，或是打斗动粗，都不能化解事情，不如不生气。"

大汉听后，愧疚地赔礼道歉了。

在生活中我们也应当像这位法师一样，学会克制自己的情绪，用理智给"气球"松松口，不让怒气蒙住理智的眼睛。你会发现，心平气和、理智冷静地解决问题比生气要好得多。如此一来，气消了，智慧也增长了，而且能够找到人生中的另一番祥和。

下次生气时，不妨试着让自己冷静一下，及时地反问自己："靠愤怒能解决问题吗？""我究竟要的结果是什么？""要用哪些步骤来处理令我愤怒的事件？"……如此自我询问后，你的思路会转移到如何处理事件，这时理性的力量会被唤醒，你就能把愤怒的包袱从双肩卸下来。

不抱怨的人生

幸福的人生就是不抱怨的人生。

静观身边的生活，抱怨几乎无处不在，如影随形。人一旦心情不顺的时候，就开始牢骚满腹，开始怨天尤人，各种抱怨的想法会随之而来：工作的繁忙、生活的忙碌、薪水的微薄、沟通的障碍、情感的波折、天气的变化，等等，生活中的各种大小事件，几乎没有什么不能是我们的抱怨对象。

然而，抱怨能给我们带来什么呢？

如果一个人从早到晚逢人就抱怨，向别人大吐苦水，结果只会是苦水越吐越多，越吐越苦，不但不能让自己身心舒畅，反而让别人因为我们的抱怨而深受影响，遭受了太多的不愉快，惹来一身的怨气。试想，有谁愿意和这样的人交朋友呢？这之后，你的抱怨更加严重，你的心境更加糟糕。

你是否有过这样的经历：你心情很好的时候碰到一个朋友，这个朋友上来就说天气有多么糟糕，他的生活充满了各种不如意，简直就是一团糟。这个时候，你的大脑会随着他的语言思考，结果你脑中浮现一幅不愉快的黯淡无光的景象，你的心情突然间也会一落千丈。下一次，你是不是会尽量避开与这个朋友交流，敬而远之？这是为什么？因为我们不喜欢与成天抱怨的人相处。

事实上，很多时候我们不需要抱怨，甚至不需要言语，而是直接用我们的行为去改变一件事。有一句话说得好："如果不喜欢一件事，就改变那件事；如果无法改变，就改变自己的态度。不要抱怨。"当我们把关注的焦点放在如何解决问题上时，好好表达自己的期许，就会发现，问题原本可以得到高效的解决。

如果你习惯抱怨的话，现在不妨试着把抱怨转成陈述事实。因为你不说怨言，怨言将无处窜流，你也将看清问题的真相，好好反省自己的行为，问题才能得到解决。这样一来，你会变成一个快乐的人，你的生活会有想象不到的大转变。

有这样一个故事。

一位女士因为丈夫的冷淡而苦恼不已，她常常对他大吼大叫："你总是这样健忘，想不起我们的结婚纪念日！""你已经很久都没有带我出去吃饭了，难道你的工作就那么忙？没有一点时间陪我？""你是人还是石头？我已经无法忍受你了！"……这样的抱怨口吻使得丈夫厌烦，对妻子越来越冷淡。

后来，她学着不抱怨，改用温和的方式跟丈夫说话："亲爱的，我知道你的工作很辛苦，我提一些无理的要求令你很不高兴。但是，我觉得有时候也应该留点时间给自己，你说呢？我们一起出去散散心，或者先去野餐，然后再随便逛逛，那该多么美妙啊！"渐渐地，丈夫也改变了冷淡的态度，夫妻其乐融融。

好了，现在你既然明白了，抱怨没有任何的用处，而且会使我们变成不被欢迎的人，那就要改变自己的方式，舍得心中的怨气，摒弃无休止的抱怨，努力做好自己的事情，凭借自己的力量改变所处的环境。

大学毕业后，毕业于法律专业的王宾没有找到合适的工作，暂且在一家保险公司当了业务员。刚到公司上班，王宾就发现公司里大部分人不敬业，对本职工作不认真，他们不停地抱怨着，抱怨工作难做，抱怨待遇太低，抱怨保险行业不景气，抱怨专业不对口……干活也提不起一点兴趣。

尽管王宾也很认同这些观点，但是他认为："抱怨半天又没有什么用，不也照样得干吗？既然能找到这份工作，就要好好珍惜，力争把它干好吧。"就这样，他没有任何抱怨，而是一头扎进工作中，踏踏实实地干活。无论接受到什么指派，他都一丝不苟地完成，没有任何的怨言。

但是，保险是一份让人很头痛、很难做的工作，王宾的工作开展起来也很困难，第一个月拿到的只是最基本的底薪。怎样做才能让人们愿意接受保险业务员呢？为此，王宾在社区里举办了一场场"保险小常识"讲座，免费为社区居民讲解保险方面的常识。渐渐地，社区居民们对保险产生了兴趣。

接下来，王宾的工作进行得顺利多了，业绩突飞猛进，也受到了经理的重用，同事们的欢迎，时间一长，王宾居然后来者居上，成了公司里的"顶梁柱"。而那些只会抱怨个不停的同事，还是业绩平平，虚度年华。

王宾深知抱怨无济于事，只有通过努力才能改善处境，他认认真真地从小事做起，在工作中踏踏实实，从来没有任何怨言。正因为此，他取得了不俗的业绩，赢得了公司领导的赏识，获得了更多发展的机会。机会通常只会惠顾那些任劳任怨、埋头苦干的人，只知抱怨的人做不出多大的成就。

请记住，永远都不要抱怨。你可以选择自己的言语，创造自己想过的生活。不抱怨是一种人生智慧，也是一种心灵修养，还是一种可以培养的习惯。当你不再以抱怨作为发泄情绪的方式时，你就走入了一个不抱怨的世界。幸福的人生就是不抱怨的人生，快乐的世界就是不抱怨的世界。

好心态决定你一生幸运

好运气，能制造。

生活在纷杂的都市中，每个人不可能是一帆风顺的，或会遇到困难，或会遭遇挫折，或是体验各种变故，这时候有些人很容易会心烦意乱，委靡消沉，甚至一蹶不振，陷入消极被动的恶性循环，难以自拔。

你希望自己一辈子生活在绝望中吗？你甘愿自己一生平庸无为吗？如果你的答案是否定的，那么现在就调整自己的心态，学着用积极的心态看待生命中的不幸，你会发现内心获得了全新的感受，不利的局面将一点点打开。

因为，好运气，能制造。

你是否留意到：有时，你心里想要的东西会接连不断地出现在你眼前，你渴望发生的事情会奇幻般地发生。比如，你在街头行走的时候突然遇到了自己梦寐以求要见的人；你想要一个笔记本电脑，朋友果真将它作为生日礼物送给了你；在恰当的时间和地点遇到了一个满意的终身伴侣……相信很多人有过这样的体验。

想要什么就来什么，太玄妙了！听上去有些不可思议，实际上，这都是心态的作用。心态有时会决定人的命运，积极心态就是转运的阳光。因为，它会让你看到生活的另一面正阳光灿烂，激发自身内在的积极力量和优秀品质，最大限度地挖掘自己的潜力，让事情向有利于我们的方向发展。

电影《倒霉爱神》恰恰给我们展示了这个事实。

女主人艾什莉好像上帝的宠儿，始终受着生活的眷顾。随便买一张彩票就能够中头奖；在繁忙的纽约街头想要搭计程车，很快就有好几辆车都向她驶来；毕业后不费周折就在一家知名的公司做了项目经理。她的生活和工作，可谓是一路畅通，惬意而幸运得让人忌妒。

男主人杰克好像世上的天煞霉星，有他出现的地方就有霉运，医院、警察局、中毒急救中心，是他经常光顾的地方。新买的裤子看上去好好的，可一穿就断线；工作上他更没有艾什莉那么幸运，他不过是一家保龄球馆的厕所清洁员。

看到影片中这些零碎的片段时，众人不禁哑然失笑，但也会感慨：同样是人，怎么差别这么大？有人就是幸运，有人就是倒霉！其实，这不是运气的问题，而是心态在发挥作用。对于艾什莉来说，她的内心充满着对好运气的渴望，她所做的一切都在朝着好运的方向努力，积极的生活态度，自然给她带来惬意美好的生活。反观杰克，他为何就像一块倒霉的磁铁呢？那是因为他的潜意识里不断地提醒他，就快有霉运来了。于是，正如他所想的那样，倒霉的事真的接二连三地来了。

其实，人与人之间本来只有很小的差异，但这很小的差异却往往造成了巨大的不同！巨大的差异就在于凡事所采取的不同的心理暗示。美国企业家理查·狄维士也曾告诫我们说："人们需要保持着内心积极的力量，从始至终，永不放弃。特别是在人生中不如意、不顺心、不快乐的阶段，更是需要拥有充足的心灵资源来支撑度过。"

因此，面临人生过程中的逆境时，我们不必绝望，自甘堕落，而是要及时地调整情绪，改变自己的心态。只要我们以乐观、向上、愉悦的积极态度面对人生，就会发现，生活里原来到处都是"好运"，就能突破重围，任何难题都将迎刃而解。这一点适用于每一个人，每一种场合。

那么，什么是积极的心态呢？让我们看看下面的例子吧。

查理出身贫寒，初中毕业后他就离开了家，赌博、斗殴、酗酒、同"边缘人物"混在一起。军事冒险者、逃亡者、走私犯、盗窃犯等一类人都成了他的同伴。最后，他因走私麻醉药物而被捕，受到审判并被判了刑。查理进监狱时声言任何监狱都无法关住他，他会寻找机会越狱。

但此时发生了一件事情，查理的妈妈寄来一封信："你提起被关在监牢多么难受，我真的可以理解。查理，你可以选择看着铁窗，也可以选择透过它看外面的世界；你可以成为囚友的榜样，也可以与那些捣乱分子混在一起。这一切，都在于你内心的选择。"看完妈妈的信，查理悔悟了，他决定停止敌对行动，争取好的表现，变成这所监狱中最好的囚犯，进而改变自己的人生。

积极的心态让查理看起来热切和诚恳，因而博取了狱吏的好感。从那一瞬间起，他整个的生命浪潮都流向对他最有利的方向，他顺利地获得了一份电力工作。"我一定要干好这份工作，我可以的"，查理继续用积极的心态从事学习和工作，他成了监狱电力厂的主管人，领导着一百多个人，他鼓励他们每一个人把自己的境遇改进到最佳的地步，最终他和他的囚友们都提前出狱，重回社会。

查理曾经被判刑入狱，如果他继续往原来的方向奔去，谁知道他会变成什么样子。幸好妈妈的信件，使他学会了用积极的心态去解决他的个人问题，终于把他的世界改造成为适合生活的更好的世界，他得到了平静、幸福和人生中有价值的东西，这就是积极心态的力量。

可见，积极的心态就是用积极的思想、语言不断提示鼓励自我、安慰自我，克服悲观、沮丧和恐惧心情，在内心里认为自己能够成功、正在进步，并且会越来越好，从而使心理状态得到自我调整，激发出自身内在的积极力量和优秀品质，进而最大限度地挖掘出自己的潜力。

詹姆士·艾伦在《人的思想》一书中说："一个人会发现，当他改变对事物和其他人的看法时，事物和其他人对他来说就会发生改变——要是一个人把他的思想朝向光明，他就会很吃惊地发现，他的生活受到很大的影响。人不能吸引他们所要的，却可能吸引他们所有的……能改化气质的神性就存在于我们自己心里，也就是我们自己……一个人所能得到的，正是他们自己思想的直接结果……有了奋发向上的思想之后，一个人才能奋起、征服，并能有所成就。"

"安利之父"、美国著名的企业家理查·狄维士也极为推崇积极的心态，他甚至将毕生卓越的经营理念就归结为"积极思考"，或称为"积极心态"。他认为："拥有积极向上的心态，这是培养领导力、取得事业进展的关键；生活在当下的每一个人，都需要掌握积极思考的智慧。"

记住，你的心态是你，而且只有你，唯一能够完全掌握的东西。练习控制你的心态，并且利用积极心态来引导它。接下来就很简单了，等待好运的出现，这是真的！就如日本西田文郎所言："我敢如此断言，因为幸运是有原则的，只要遵循着幸运的大原则去生活，人生就会一路幸运，好运挡也挡不住。"

一些有重要意义的提示语，以供参考。

如果相信自己能够做到，你就能够做到；

在我生活的每一个方面，都一天天变得更好而又更美好；

我凭借自己的行动，就能变成我想做的人；

我觉得自己很棒，好得不得了！

……

携一缕阳光，微笑生活

微笑对于一切痛苦都有着超然的力量。

世界上有一种很美丽的语言，它不需要你夸夸其谈，更不需要你画蛇添足去粉饰，但它却能传递给别人最奇妙、最阳光的温暖，不仅能给生命带来春天般的温馨气息，更能融化冰雪般的悲伤。正如诗人雪莱所说："微笑是仁爱的象征，快乐的源泉，亲近别人的媒介。"

有一个穷苦的妇人，带着一个四岁的女孩在逛街。走到一架快照摄影机旁，孩子拉着妈妈的手说："妈妈，让我照一张相吧。"妈妈弯下腰，把孩子额前的头发拢在一旁，很慈祥地说："不要照了，你的衣服太旧了。"孩子沉默了片刻，抬起头来说："可是妈妈，我会面带微笑的。"

"我会面带微笑的。"小女孩的这句话听起来没有什么特别，可是在现实生活中，并不是每个人都能做到这一点。假如你在摄像机前也像那个贫穷的小女孩一样，穿着破烂的衣服，一无所有，你能坦然而从容地微笑吗？恐怕，很多人会怨天尤人，发牢骚，自怨自艾，甚至堕落放纵……

然而，这一切并不会帮到你什么，只会让你的生活笼罩在痛苦和沮丧的迷雾里。与其这样，我们为什么不开阔心境，为何不快快乐乐地生活呢？只要我们的脸上始终带着微笑，即使在面前有多大的困难，我们也能迅速地迎刃而解，我们的生活也会充满灿烂的阳光。

"人，不能陷在痛苦的泥潭里不能自拔，遇到可能改变的现实，我们要向最好处努力，遇到不可能改变的现实，不管让人多么痛苦不堪，我们都要勇敢地面对，温和一点，宽容一点。用微笑把痛苦埋葬，才能看到希望的阳光。"这段话摘自颇有影响的作家伊丽莎白·唐莉《用微笑把痛苦埋葬》一书。

让我们一起来看看她的故事吧。

第二次世界大战期间，在庆祝盟军于北非获胜的那一天，家住美国俄勒冈州波特南的伊丽莎白·唐莉女士收到了国防部的一份电报：她的儿子在战场上牺牲了。这是她唯一的儿子，也是她唯一的亲人，那是她的命啊！伊丽莎白·唐莉无法接受这个突如其来的残酷事实，她痛不欲生，心生绝望，觉得人生再也没有什么意义，于是她决定放弃工作，远离家乡，然后找一个无人的地方默默地了此余生。

在清理行装的时候，伊丽莎白·唐莉忽然发现了一封几年前的信，那是儿子在到达前线后写给她的。信上写道："请妈妈放心，我永远不会忘记您对我的教导，无论在哪里，也无论遇到什么样的灾难，我都会勇敢地面对生活，像真正的男子汉那样，能够用微笑承受一切不幸和痛苦。我永远以您为榜样，永远记着您的微笑。"伊丽莎白·唐莉把这封信读了一遍又一遍，"是啊，我应该像儿子说的那样，用微笑埋葬痛苦。我没有起死回生的神力改变现实，但我有能力继续生活下去。"

后来，伊丽莎白·唐莉打消了背井离乡的念头，她再度开始工作，不再对人冷淡无情。同时，为了找出新的兴趣，结交新的朋友，她还参加了一个成人教育班。再后来，她打起精神开始写作，立足于自己的经历，著成了《用微笑把痛苦埋葬》这本书，一举成名。

"用微笑将痛苦埋葬，才能看到希望的阳光。"伊丽莎白·唐莉说得多好啊！伊丽莎白·唐莉用微笑将痛苦埋葬，用希望代替了绝望，走过了艰难岁月，让快乐成为了生活永恒的格调。她的故事再一次启迪我们：微笑能将残酷的现实掩埋，用微笑去对待生活，那么生活也必然会对你微笑的。

有一位哲学家曾经说过："微笑对于一切痛苦都有着超然的力量，甚至能够改变人的一生。"这句话一点也没错，生命的意义与目的在于无限地追求快乐和避免痛苦。不管现实让人多么痛苦不堪，我们都不能陷在痛苦的泥潭里不能自拔，而应该保持一份微笑，用微笑埋葬痛苦。

寒梅无法选择季节，但却傲视冰霜；秋菊无法选择时令，却代秋天发言；人无法选择无痛的命运，那就学会微笑吧！微笑是一种心态，心态得益于修养；微笑是一种境界，境界依靠的是磨炼。真正懂得微笑的人，总是容易挥散郁积在心头的阴霾，获得比别人更多的成功机会，让生活井然有序地前行。

不论是《摩登时代》还是《淘金记》，在电影中永远扮演草根阶层的卓别林，面对挫折也好，幸运也罢，总是报之以一个憨厚淳朴的微笑，微笑成了卓别林默片的标志物。对于微笑，卓别林这样解释："微笑吧，即使胸口怀着伤痛；微笑吧，不管伤心往事在心中。当天空布满阴云，你都将渡过难关，只要你在恐惧与悲痛中微笑、微笑，也许明天，就能看到阳光普照。"

　　所以，当你觉得痛苦时，不妨微笑，再微笑，让所有的微笑在阳光里徜徉而行，不让任何微笑滞留在生命的罅隙处。你会惊喜地发现，心中的仓促和不安静止了，世界的大门为你敞开了，原来生活如此美好。在微笑里让自己的每一天前行，无畏无惧，这是岁月的使然，也是生命的必然。

第十辑
没有如意的生活，只有看开的人生

人生中，烦心事、伤心事、痛心事、苦心事时常相伴。没有如意的生活，只有看开的人生。人生漫漫，又何必纠结于某一人、某一时、某一事。只有看开了，想通了，才能随缘、随性、随心而安。看得开，放得下，生活随时都有清风相伴。

重新开始，看一路春暖花开

过去放下，现在扛起，每一天都是新的开始。

忘记过去的成功，重新开始，你就可能再度成功。著名科学家居里夫人在发现了钋之后并没有因此而骄傲，她把过去的一切成就抛到脑后，随即又发现了镭，在此之后又提炼出了镭。她本人也成为了两次获得诺贝尔奖的科学家。我们可以设想一下，如果居里夫人被自己的第一次成功冲昏了头脑，也许就不会有镭的发现。

我们不但要忘记过去的成功，也要忘记曾经的失败，重新开始，锲而不舍，也许就会成功。

爱迪生在发明电灯的过程中并不是一帆风顺的。他寻找了许多种材料来做灯丝，经过许许多多次的试验都失败了，然而他并没有因为这一次次的失败而放弃，他把以往的失败都忘记了，锲而不舍，最终发明了电灯。虽然之后人们发现了更好的灯丝材料，但他的精神值得我们学习。不能因为一两次失败而倒下，要忘记这些失败，重新开始，光明就在不远的前方。如果爱迪生因许多次的失败而倒下的话，我们直到今天可能都在夜里看不见光明，所以我们要忘记过去的失败，重新开始。

我们所说的忘记过去并不是指什么都要忘记。忘记成功就是告诫你不要因为成功而骄傲，要把它忘记，你才能开始新的奋斗。忘记失败也只是要你忘记失败所给你带来的伤心和痛苦，不能忘记失败的教训，应该牢记这教训而忘记伤心上路。人生就像一次旅行，不管过去是成功还是失败，我们都要将它忘记，重新开始新的旅途。

每一天都是新的开始，新的开始总会有新的挑战，早晨起来第一件要做的事，就是告诉自己：我行，我已经准备好了。每天起来都要给自己一个美丽的微笑，用最平和的心和最炽热的情感迎接新的挑战。

每一天都是新的开始，新的开始总会面临着新的选择。昨天已经过去，明天也许是未知的。我们可能不知道自己以后的路通往何方，但我们知道自己的方向，选择了就要为自己负责，选择了就是为梦想付出，而这一刻我们能做的就是相信自己的选择。不害怕走错路，可怕的是明知走错了还要继续。

每一天都是新的开始，许多昨天做着的事需要继续，许多新的想法都要付诸行动，许多发生过的错误都要修正。昨天是今天的动力，因而不能把昨天的疲惫带给今天，不能把昨天的失落带给今天，不能把昨天的痛苦带给今天，更不能把昨天的错误带给今天，我们没有理由用昨天的错误惩罚自己。

每一天都是新的开始，新的开始一定要给予自己更多的快乐和幸福。就算昨天拥有悲伤、失败和痛苦，这一切都只是昨天的事情了。今天就是一个新的起点，打开窗户，让清风吹在脸上，让视野再宽阔一些。告诉自己，要把昨天的悲伤变成今天的快乐，要把昨天的失败变成今天的成功，要把昨天的不幸变成今天的幸福。

每一天都是新的开始，新的开始总会有新的期待，有期待就会有希望。所以，从今天开始，为了自己的期待，为了心中的希望，用全新的生命迎接每一天的太阳，让自己的生命在循环往复中完善、成长，用最热情的态度去迎接生命中每一个新的开始。

人生就像一次旅行，面对快速变化着的世界，我们能做的就是认识自己、了解自己，把过去放下、把现在扛起，把每一天当成一个新的开始。只有这样，我们的生活每天才是全新的。请相信，生活是有趣的，尽管不停地经历着快乐、幸福、成功、痛苦、无奈、失败，但未来一定会有美好的事物在等着我们。

用遗忘书写人生

人生如果没有遗忘，记忆里将不只是幸福，还有更多的是，痛苦。

当我们为现在或是将来做决定的时候，过去给我们带来了最好的指引，过去是我们个人经验和教训的真正"资料库"。这个资料库里有智慧在等你发掘。我们可以知道如何解放自己以远离恐惧；我们可以发现那些使我们迷惑且现在仍阻碍着我们前进道路的错误观念；或者知道我们如何与自我激励的信念重新联系起来。最好的是，我们可以和我们可能已经忘记或丢失的力量和潜力一起前行。

虽然过去是很好的资源，可是当我们回顾过去的时候，没有必要重现每一个时刻。对你早期的个人经验进行清点的目的是为了对那些留下回忆的事情进行重新分析和学习。然后你才能够看到你现在所处的位置或者看到你前进的方向。

王杰大学刚毕业的时候，分配到了一家公司做销售，销售部的经理精通销售战术与技巧，就是为人有些斤斤计较，常会在开会的时候训斥王杰，因为王杰下班常忘记关电脑。这样时间一长，王杰与销售部经理之间就有些不愉快。

后来王杰辞职了，与朋友一起创办了一家小公司，经过几年的努力，公司越做越大，公司需要招聘一位销售部经理。

让王杰想不到的是，在最后的三位入围者中，有一位是当年常训斥他的销售部经理，王杰走到原上司的面前，和他握手，原上司有些诧异，更多的是羞愧。

王杰看出了他的心情，王杰说："过去的事情，我忘记得差不多了，我只记得你教会了我们销售技巧，教会了我们如何搞定客户，其他的我都忘了。"

销售部经理用感激的眼神看着王杰，轻轻地说了声："谢谢。"

我们的脑袋盛不下太多的往事，人生路上，我们注定要忘记许多人与事。学会忘记是"去粗取精"，忘记那些该忘记的，记住那些该记住的。人生就像一次旅行，途中并不都是良辰美景、风花雪月，有时还会遇到各种各样的不幸和打击。这时，我们就要学会选择性地进行遗忘。

很多时候，我们要学会选择遗忘。因为，不要让记忆中那些悲伤，在不经意的触碰中又赤裸裸地显露出来。而那从未真正愈合的伤口，就会再一次流血。那种殷红，触目惊心！而心会更疼！遗忘，是最好的方法。

遗忘，并不是自欺欺人，而是抚平伤口的另一种方式；遗忘，并不是逃避，而是给受伤的心另一种安慰；遗忘，对于我们而言，或许，并不是一件坏事。遗忘与朋友的矛盾，我们并肩作战，实现彼此最初的梦想；遗忘在困难时的懦弱，用坚强与执着，换来洋溢着成功的笑脸；遗忘从前的种种不悦，让我们以朝气蓬勃的姿态，重新出发；遗忘对自己的怀疑，便可乘着自信的风帆远航；遗忘曾经的得意扬扬，用一丝不苟，赢得更热烈的掌声！就算没有明天，就算前方还是黑暗，可是如果心间温暖，便也不会害怕。因此，我们要学会选择遗忘，遗忘悲伤，将那些温暖的记忆留于心中，温暖于心。

古人云："世上本无事，庸人自扰之。"人生不如意十之八九，遇到不顺心、对自己生活无益的人和事，能够学会遗忘，放下思想的包袱，把心放宽，这样难道不好吗？人生路漫漫，让我们多留些快乐的记忆给自己。所以，让我们学会忘记那些不快，记住那些快乐时光，我们的生活中，自然就会充满阳光。

该忘记的，不要挽留

学会原谅，学会忘记。

人生就像一次旅行，我们都是路人，边走边看，赏路边风景，流着各自的眼泪。在某一时刻，在某一个地点驻足回首，有一些足迹已经延伸至其他的方向，走出了视野之外。而自己要走的这条路，又有了许多新的脚步。看着身后的那一串串脚印，心中会有片刻的感伤。对于过去，适时的怀念，偶尔的回首，会平添一份生活的美丽。然后，我们还要继续向前。就这样停停走走，简简单单，也是一种快乐与洒脱。

人生就像一次旅行，我们这一路颠簸而来，再回头看身后的风景总有另一番感叹。才知道自己怀念的究竟是怎样的人，怎样的事。生活就是如此，你永远都不知道自己会在哪里停留，永远都不知道谁会离开，当往事随风飘散的时候，我们能做的只是一路欣赏。

既然无法挽留，就应该要忘记。有些事有些人是不值得回忆的，何必要死死守着那些即将腐朽了的记忆强迫着自己翻来覆去地疼痛。也许你现在的处境只是走向幸福前在谷底的涅槃。有些时候我们放弃一些东西，因为必定有另外一些东西值得我们为之放弃。就像伤痛，伤痛不仅仅是累赘，更是带着倒刺的暗器，我们一不小心就会被倒刺所伤，所以那些该忘记的事情还是不要记起的好。

忘记应该忘记的伤痛，那些往事不必重提。既然故事早已结束，那么我们的伤痛再和别人无关，不管是谁，只要是生活在这一秒钟内的人，无论怎样都不可以将自己的心情施加在他们身上，他们都是无辜的。用心去爱身边每一个人，不管他曾经是否伤害过自己，我们必须学会原谅，学会宽容。

人生就像一次旅行，该忘记的就要忘记，不该记起的就要毫不犹豫地抛弃，只有忘记了过去才能有新的生活，何必要活在过去的痛苦里呢？何必要停留在过去的阴影里呢，也许是还在期待着事情会朝着你预想的结果发展，但是请不要再幻想了，太爱幻想只能让自己变得虚伪，只能给自己带来痛苦。

俗话说：拥有是为了失去，相聚是为了离别。那么我们此刻的拥有也就表示会失去，相聚也就表示会分离，这是根本就没有能力改变的结局，所以我们也只能去完善事情的结果——选择遗忘，选择不再沉寂在过去的生活中，选择好好地享受现在的生活。

时光的流逝永不停息，我们应该学会忘记过去的伤痛，过去的遗憾，因为还有许多美好的事在等着我们，有许多人支持着我们。我们无法抗拒生命的流逝，就像我们无法抗拒每天太阳的东升西落。所以，我们应学会忘记。

人生就像一次旅行，忘记昨天，是为了今天的振作。事业中我们往往会为一时得失所羁绊，而那些成功者都懂得应该怎样让昨天的惨败变作明天的凯旋。

人生就像一次旅行，忘记痛苦，你可以摆脱纠缠，让整个心沉浸在悠闲无虑的宁静中，体味生活多姿多彩的缤纷；忘记忧愁，你可以尽情享受生活赋予你的乐趣；忘记烦恼，你可以轻松地面临未来的再次考验。

席勒曾说："人，不应该总活在回忆里。"固守过去，只能锁住智慧的仓库，让聪明者颓废，让愚昧者更无知。回忆尽管美丽，然而从现在看来，也只能是属于过去，对于现实只是空白。所以，忘记过去，忘记过去的辉煌，别让曾经的荣誉光环环绕着你。

普希金曾说："一切都是暂时的，一切都会消失。"那么，与其固守着或快乐或痛苦的回忆，不如从回忆城里勇敢地走出来，以一份明朗的心情，一份平常的心态去对待。是的，我们曾经失去过，然而那不是忧伤，而是一种美丽，因为我们再次同太阳一起站在地平线上，用自己的认真去掌握曾经迷航的生命之舟。

放不下，只能一无所有

双脚不能同时抬起来走路，只有放下一只另一只才会向前迈进。

放下，首先是自己要先放下，如果你自己都放不下，别人永远也无法帮到你。"放下"是改变的开始。放下不是口说，而是心里放下。

两个和尚一起赶路。走到一条河边，见到一个妇女因为过不去河而着急。和尚甲抱起妇女过了河。过河后，和尚甲放下妇女。另一个和尚一看说：

"阿弥陀佛，男女授受不亲，你抱着个女人过河，你今天做错了，有罪过了呀。"和尚甲望了一眼同伴说："我已经放下了，你还没放下。"

生活中常常听人讲"拿得起，放得下"。行为上放下了，嘴上放下了，但心里是否放下了呢？

生活中我们总会遇到一些不顺心的事，因为人是群居动物，在集体活动的人际交往中不如意、不顺心是常有之事，所以，难免会产生烦恼。烦恼的多少，压抑感的多寡就取决于"拿得起，放得下"。所以放下不在行动，不在嘴上，而在心里。

有一个人去滑雪，第一天就摔断了腿。

那个人愤怒地说："我真倒霉，为什么不在滑雪的最后一天才摔断腿呢！"

一旁正帮他治疗的医生说："你说得没错，今天的确是你能滑雪的最后一天啊！"

故事中的人，既然已经受伤了，再怎么愤愤不平，再怎么抱怨后悔，都是没有任何帮助的。眼前最重要的，应该是祝福和祈祷自己早日康复，同时保持身心的平衡和情绪的安定。

人生就像一次旅行，也是一个不断选择的过程，有时明智地选择放弃，知道如何割舍，也是一种重要的智慧学习。因为在人生的道路上，知道如何割舍、如何放下，才能找到真正适合自己的道路。如果什么都舍不得放下、什么都紧抓住不放，到最后反而会一无所有。

只有学会了放下，方能从容地前进。

人生总要拐几道弯

打翻的牛奶，顾之何益？

人生就像一次旅行，在旅行的途中，意想不到的事情随时都有可能发生。当你面对不幸时，要学会潇洒地挥一挥手，告别昨天。过去的已经过去，我们为过去哀伤、遗憾，除了劳心费神，于事无补。要想发挥自己的潜能，取得事业的成功，我们必须忘却过去的失误和不幸。

我们经常会说，月有阴晴圆缺，人有悲欢离合。在人生征途中，因种种原因，有许多人会出乎意料地遭遇失去——失去财产，失去亲人，失去利益，失去健康……万一遭遇失去，我们又该如何去面对呢？

在美国纽约的一所中学里，有一个很差的班级。这个班的多数学生总为过去的成绩感到不安，失望、灰心、丧气、沮丧……进而影响了新的学习。他们的老师凯奇博士得知这一情况后，给这个班的学生上了一堂难忘的课。

这天，凯奇上课时，突然一巴掌将放在桌上的一大瓶牛奶打翻在地。"啪"的一声巨响惊呆了在座的每一个学生，他们一个个目瞪口呆地看着桌上、地上四处流淌的乳白色液体，不知该怎么办才好。

这时，凯奇的目光扫过每个学生的脸，同时大喊一声："不要为打翻的牛奶哭泣！"然后叫学生到讲台前仔细看一看："我让你们记住这个道理，牛奶已淌光了，无论你怎么后悔抱怨，都已无法挽回。我们现在能做的就是把它忘记，把注意力集中在下一件事情上。"

人生就像一次旅行，在路上总会伴随许多的困难和挫折，重要的不是我们失去了什么，而是我们得到了什么。我们每做一件事情，都会有经验和教训产生，经验固然可贵，教训也不能忽视。但我们不能沉湎于教训的打击，因为我们还要前进。

因为我们的生命有限，应该有所追求，努力用智慧和汗水创造业绩。但是，我们也应该正确看待失去，学会忍受失去，更要学会坦然面对我们所失去的东西。为了更好地实现自己的主要目标，有时不得不"丢卒保车"；为了成就一番事业，有时不得不失去一些感官享受；尤其是为了不玷污自己的人格，有时不得不失去一些利益。

有一位著名的棒球手在对待自己输球的烦恼时说："过去我常常这样做，为输球而烦恼不已。现在我已经不干这种傻事了，既然已经成为过去，何必一直沉浸在痛苦的深渊里呢？流入河中的水，是不能取回来的。"

人生就像一次旅行，坦然地面对人生的变故，告诉自己：聚散得失、潮涨潮落、花开花落，都是一份自然。相信自己，勇敢地走自己的路。屈原说过："路漫漫其修远兮，吾将上下而求索。"这就是对人生之路的最好注解。

人生苦短，我们做不到我们想要做的事，得不到我们想要拥有的东西，我们总是顾此失彼。尽管人人都懂得"有得必有失"的道理。可人们还是习惯害怕失去，认为得到是可喜可贺，失去则是可惜可叹，每当失去都要难受一阵，甚至为之痛苦，但是生活难免会失去一些。既然这样，我们为何不及时去调整自己的心态，面对现实，承认失去呢？

美国著名的大众心理教育家卡耐基，在他事业刚刚起步的时候，也曾遇到挫折和失败。当时他在密苏里州办了个成年人教育班，过了一段时间，他发现投入很多，回报很少，等于白白地丢掉了很多钱。他抱怨自己，为自己的疏忽感到苦恼，甚至为事业的一时挫折而精神恍惚。他找到中学时的老师乔治·约翰逊，老师只对他说了一句话："不要为打翻的牛奶哭泣。"老师的一句话如醍醐灌顶，卡耐基的苦恼顿时消失，精神也振作起来，径直投向事业的怀抱。

打翻在地的牛奶，不可能重新装回杯中。不管你如何后悔，如何哀叹，如何地捶胸顿足呼天喊地，如何地三天不吃饭五天不睡觉，也肯定不会改变这个已经板上钉钉的事实。聪明的做法，就当像孟敏那样，"甑已破矣，顾之何益"；就按照"不要为打翻的牛奶哭泣"这样的话去做，这才是人生的大智慧。

在竞争激烈的当代社会，更应具有这样的生存智慧。遇到这样不如意的事，不怨天尤人，不哭天抹泪，不消沉颓唐，不心灰意冷；吸取教训，挺直腰杆，义无反顾，径直向前。生活中，这样的人，才能成为强者，才能事业有成，才能出人头地，才能品尝到成功的喜悦，才会有鲜花和美酒的陪伴。

人生就像一次旅行，不要为打翻的牛奶哭泣，有这样大度的襟怀，有这样的人生智慧，命运或许会给你新的机会，拐过几道弯，迈过几道坎，成功会在那里微笑着向你招手。

原谅并宽恕每一个人

不懂宽恕，就会身沉苦海。

不公、挫折、失败、忌妒、失恋，身体受约束、言论遭反对、权利受侵犯、受人侮辱、遭欺骗等，都会导致人们的愤怒。此外，心境不佳，或脾气急躁的人，也容易发怒。一般来说，愤怒按照程度来说可以分为四类：不满、生气、激愤、暴怒。《内经》指出，"怒伤肝"，"怒则气上，喜则气缓，悲则气消，恐则气下，惊则气乱，思则气结"。同时，情致失调也可导致正气虚弱，抗病力差，而易感外邪。

有很多的人内心总是怀着一份怨愤，却不懂得宽恕，这不好的习惯也是要不得的，它会使你变得脆弱、易怒、怨天尤人甚至执着于报复，这除了会耗尽你宝贵的精力外，别无益处。宽容就是对于人的宽容，人是一种本质上需要经常不断地宽容的动物，因为人是一种不断犯错的动物，而只有错误才需要宽容。犯错是人类的重要本质之一，人类是在不断地犯错中成长成熟和前进的。人来到这个世间就是来做事、尝试、探索的，没有一件事、没有一次尝试、没有一种探索不存在犯错的可能。如果说犯错是进步的前提，那么宽容就应该是进步的基础。

人与人组成了这个社会，谁都不可能孤立地生活在这个世界上。很难避免，我们在生活中肯定会遇到与他人之间发生不愉快的时候。你要检查一下你自己，当你与他人之间发生不愉快的时候，尤其是当你感受到自己遭遇到不公平的时候，你是否会对他人产生敌意呢？你是否会因此而在心里对他人怀有怨愤之心呢？

事实上，你的怨愤对他人不起任何作用，反而会影响到你的情绪，产生的怨愤情绪继而会影响你的健康，因为你的怨愤态度使你产生了消极情绪，这消极情绪对你的健康和性情都会产生很大的负效应，从而对你造成伤害。更为严重的是，你总是想着自己受到了不公正的待遇，总是因此而不愉快，从而会招致更多的不愉快。

河里有一种叫"河豚"的鱼。它很喜欢在桥墩间游来游去，有时不小心就会迎头撞在桥墩上，它便怒气勃发，无论如何都不肯走开。它怨恨桥墩，它怨恨水流，它怨恨自己——于是，它张开两肋，竖起鳍刺，带着满肚皮的怒气，撞向桥墩，结果自己到此活到了尽头，它的尸体漂浮在水面上。这时，鹰鸟掠过河面，一把抓过圆鼓鼓的"河豚"噬而吞之，享受一顿鲜美的午餐。要是"河豚"能忍住怒气，离开桥墩，另寻一个去处，恐怕就不会白白葬送性命了。

你要知道，我们所受到的不公，仅仅是因为我们的心理有所欲求，如果我们把自己心理上的这份欲求看得很淡，那么不公又从何而起呢？

如果你不愿原谅和学会遗忘，那么你也就否认了你自己的力量和自身的灵活性，由此也就使你自己更加相信自己是一个真正的受害者，而非一个控制者。如此一来，你对他人的怨愤也就会因此而升级，你自己所受到的伤害也同样会由此而升级。

其实，忘记你所受到的不公，忘记对他人的怨愤，最终最大的受益者只能是你自己。当你忘记了怨愤，学会了遗忘和原谅，你会发现，原来你所认为的那些不公，其实根本没有什么大不了，因为它们在你的一生之中，是那么的微不足道。而你也同时会认识到，抛开对他人的怨愤之心，你所获得的快乐是你这一生享受不尽的。学会宽恕和包容，这是我们应该具备的最重要的美德之一。

如果你内心充满了怨愤，不懂得宽恕别人，那么你就会陷在痛苦的深渊里难以自拔。此时如果学会宽恕、抛弃怨愤之心，就会发现内心的负担一下子没有了，从而感受到一种难以置信的自由和轻松。你可以从你自己的每一次生活经历中学习经验，你生活中遇到的每一个人都能教会你一些东西，不要因为他人对你做了错事而愤怒，怨愤的感觉是在你的体内生长，能伤害到的只能是你自己，而绝不会是他人。你应该了解，怨愤所导致的压力和紧张的情绪，将影响到你的生活质量，而宽恕则将把你引领到欢乐和谐的美好境界，让你的生活充满阳光。

宽恕是帮助你控制自我情绪的最有力的工具之一，不懂宽恕的人是在毁掉自己，因为不可避免的，在将来的一天，你也同样会需要他人对你的宽恕。当你学会了宽恕，并熟练地运用宽恕的情怀对待他人的时候，你就会逐渐地发现，你的人生也因此而快乐幸福。

顺其自然，人生处处无寒暑

世界上没有十全十美的事情。

生活中有很多的人会因为某种瑕疵，而觉得痛苦异常。有的人因为个子矮而自卑，有的人因为眼睛小而心烦，有的人因为肥胖而发愁等。这些人只是看到了自己的缺陷，却没有发现瑕疵是最完美的一部分。想让事事都尽善尽美，那是不可能的、不现实的。追求完美是我们进取向前的动力，但不能刻意要求任何事情都完美无缺。

追求完美不是什么不好的现象，追求完美可以促使我们朝更加美好的方向发展，但是绝对完美的事物根本就不存在，所以，如果你还在刻意地追求完美的话，请放弃这种想法吧！

那些完美主义者不论在做什么事情之前，都不能克服自己追求完美的激情和冲动。他们想把事情做到尽善尽美，这样虽然没有错，但他们在做一件事情之前，总是想使客观条件和自己的能力也达到完美程度才去做。因而，这些人的人生始终处于一种等待的状态之中。他们没有做成事情不是他们不想去做，而是他们一直等待所有条件都成熟，因而没有做，结果就在等待完美中度过了自己不够完美的人生。

完美主义的人表面上都表现得相当自负，可是内心深处却很自卑，因为他们很少看到优点，总是关注缺点，总是不知足，很少肯定自己，自己就很少有机会获得信心，当然会自卑了。人一旦不知足就会变得不快乐，痛苦就常常跟随着他们，令周围的人也一样不快乐。

人生是不完美的，这是我们无法改变的事实，但我们可以选择走出不完美的心境，而不是在不完美里哀叹，当然，也不是去一味地追求所谓的完美。当我们缺少一些东西时，往往会有更完整的感觉。一个拥有一切的人，在某种意义上讲是一个穷人，因为他永远不知道求助、希望和梦想的感觉，永远没有自己最想要的东西被爱他的人给予的经历。

人生既然不是完美的，那么就一定存在缺憾，缺憾也是我们的一部分，为了一点点缺憾而否定自己，实在是一件很傻的事。不为缺憾耿耿于怀，我们才能好好享受生活。人生就像一次旅行，在路上我们总要面对各种各样的缺憾，从哲学意义上讲，人类永远不满足自己的思维、自己的生存环境和生活水准，这就决定人类要不断创造和追求，没有缺憾就意味着圆满，绝对的圆满便意味着没有希望，没有追求，于是就意味着停滞。人生圆满，人便停止了追求的脚步。

有个人问智者："如何回避寒暑？"智者答道："何不向无寒暑处？"这个人又问："何处是无寒暑处？"智者又答："寒时寒杀阇黎，热时热杀阇黎。"

智者最后一句话的意思是："寒冷时彻底与寒冷打成一片，炎热时彻底与炎热浑然合一。"这位智者的意思就是告诉对方要懂得"顺其自然"。

人生就像一次旅行，在旅行途中，我们不知要过多少个寒暑，其实天气的寒暑易过，真正难过的倒是我们学业、事业、生活、感情等方面的"寒暑"。人生并不是平坦的大路，而是充满了崎岖不平，这种情况之下，我们要真正地认识生命，认识人生，做出最大的对策，那就是"顺其自然"。

智者说要与炎热、严寒浑然一体，要"顺其自然"，也就是在炎热的时候享受炎热的乐趣，寒冷的时候享受寒冷的乐趣，言外之意即是人生之旅，成功时就分享成功的喜悦，失败时就享受失败的乐趣，摒弃痛苦与绝望，时常保持旺盛的生命力与活力，保持一种恬淡快乐的心情，保持一种无欲无求、无拘无束、无挂无碍的上好心境，成也是败，败也是成，做自己愿意做的事。如此心境，如一的境界，何等洒脱，何等自在。

炎热的夏天，有的人暴躁不安，浑身难耐，我们对他说："顺其自然，心静自然凉。"失败的日子，有的人消沉颓废，以为世上再无阳光，我们对他说："顺其自然，做最真实的你！"人生的日子里，不管成败，我们都要对大家说："顺其自然，不要苛求，那些各种各样的欲望虽然会带来收益，但欲望也是带来罪孽的源泉。无所欲则无所求，不以物喜，不以己悲，你就会活得自然！"

看不开，人生苦长

"看开不是看破。"——曾仕强

　　世间最大的痛苦是自己看不开，让自己的心蒙上尘埃而受苦受难。人看开的时候，心灵之门是敞开的，什么都看清了，就不怕了。有时候人的恐惧都是因为看不清。看开了，恐惧没有了，心情就好了，一好百好。在看开的时候，人的目光是盯着光明的地方，生命处于一种开放的状态并保持旺盛。"一朝被蛇咬，十年怕草绳"，心灵之门一关，一切都看不清了。因为看不清所以会时刻充满警备、焦虑的心理，自然无法积极乐观起来。如果可以换个角度去思考问题，完全是两种结局，两种心境。所以在遇到困难与挫折的时候，千万不要钻牛角尖，不妨换个角度思考，劝解自己，看开一些，人生没有过不去的坎。

　　一位年轻的企业家事业十分成功，可是对家里毫不顾念。他对目前所拥有的东西依然很不满意，觉得自己可以拥有得更多。有一天，经妻子一再恳求，他带着妻子和儿子到野外去兜风。谁知中途车子出现意外，跷在悬崖上千钧一发。面临危机，全家人前所未有的团结，用尽所有的智慧，终于脱险了。脱险后的企业家猛然醒悟，他对一切都满足了。此后，他对爱人、对孩子、对所有人都充满了爱心，每一天都过得很开心。

俗话说："大难不死，必有后福。"这个"福"字其实是经过大难的人自己给自己的，因为经历过大难，他对人生的态度发生了变化。大难之后，看开了，人的生命从一种狭隘的、关闭的状态转化为一种积极乐观的状态。看开了，人生便会充满阳光。

只有放下才会幸福，放下并不是放下手中的物品，需要放下的是我们的一颗心。放下了也就看开了，看开了，我们才能安闲优雅，才会感到生活的幸福，生命的美好。就像一千个人眼中有一千个哈姆雷特一样，一千个人眼中同样有一千种幸福，但公认的幸福应该就是心灵平静、心无挂碍的那种轻灵的感觉。

孔子说"富贵于我如浮云！"他不是看破，却是真正的看开。孔子并不是不在乎富与贵，他只是懂得努力和成功没有绝对的因果关系，在他看来一切都是"尽人事以听天命"，希望我们尽力去追求，却不必把富与贵当作永久存在的东西。

曾仕强说："看开不是看破。"不可以看破，一旦看破了就觉得一切都是假的，人生如果没有了追求，也就失去了竞争的原动力，结果不是洒脱而是消极；人生又不可以看不开，否则在人生中只许成功不许失败，即使眼下成功了，未来也不能走远，因为人生不可能没有挫折。

每个人或多或少都会有些贪婪。好奇与利益会使一个人看不到眼前的美好，却使人奢求曾经错过的东西。人们常说"失去了才懂得珍惜"，为何不把平常的错过看得淡一些呢？让你选择大海与小河，你会做出怎样的选择呢？也许你会选择波澜壮阔的大海，这就会意味着你要错过有无限淡水、静谧安详的小河。但你无须悔恨，每条路都有各自美妙的结果。

人生就像一次旅行，在人生的旅途中，我们会无数次被自己的决定或碰到的逆境击倒、欺凌甚至碾得粉身碎骨。但不论发生什么，或将要发生什么，我们永远不会丧失价值。因此，创伤是一种历练，而不是惩罚，不要为自己遭受的挫折、创伤而贬低、否定、惩罚自己。既然这样，就重新整理心情和人生，带着这种创伤留下的疼痛和成熟继续上路吧。

错过了成功，我们学会了拼搏；错过了爱情，我们学会了爱；因为错过，我们学会了珍惜；因为遗憾，我们学会了抓住机遇……每一种创伤，都会让我们成长，让我们成熟！

我们在安慰别人的时候会说"人生是没有圆满的"，你不能得到一切，不圆满那只是相对的。我们所拥有的，其实就是另一种圆满。

我们从一次次的遗憾中领略圆满。如果没有分离的思念，怎么会领略相聚的幸福？如果没有经历过被出卖的痛苦，怎么会领略忠诚的可贵？如果没有品尝过失败无奈的滋味，又怎会体会成功的喜悦？如果没有遭遇疾病的侵袭，怎能体会健康对人的重要？在纷纷扰扰的人世间，能够相聚，能够拥有，彼此忠诚，长相厮守，不正是一种圆满吗？

凡事能够看得开是一种大智慧。在很多事情上，我们应该知道适可而止，量力而行，不要过于执着地追求那些高不可攀的目标，适时放下，这种放下并不是畏难，更不是退缩，而是更为务实地寻找更为切合自己实际的目标。当我们把那些好高骛远的目标抛弃以后，我们就会感受到心灵的轻松和幸福。在物欲面前，我们一定要时时提醒自己，要勇于放下，欲望就像一个无底洞，不要被欲望的黑洞吞噬淹没。

不悲不喜，从容淡然

人，平平淡淡而来，也应平平淡淡而去。

生活处处有磨难，在磨难中你能取得令你欣喜的成就，相反也会令你走入人生的低谷，一蹶不振。如果他日能飞黄腾达、高官厚禄，你能在这种诱惑中把握住自己，泰然若之，用一颗平常心淡然地看待拥有的这一些，你就能在淡泊喧嚣的同时，给自己找到一份心的超然，一份宁静。

"不以物喜，不以己悲"，是庄重的人生态度。不管是激昂的人生，还是散淡的人世，不管是失败者的东山难再起，还是成功者的硕果难久存，在轰轰烈烈中保持一种平常的心境，在平平淡淡中享受着淡泊的快乐；不羡慕声誉，不沮丧卑微。退一步海阔天空，一切都会变得坦然。

"不以物喜，不以己悲"，是一种宽宏的气度。能做到不争名利，不争宠，不忌妒，让平静的心中有一股自然的荡气与豪气，在生活中淡然地看待这一切。让自己的超然与洒脱、从容与镇定来为自己找一个淡泊的心境，让自己在平衡的心态里，品味出宽阔心中的内敛韵味。

战国时代，在塞外住了一位老翁。一天，老翁家里养的一匹马走失了。在塞外，马是负重的主要工具，因此，邻居都来安慰他，这位老翁却很不在乎地说："这件事未必不是福气！"几个月后，走失的那匹马居然带了一匹胡人的骏马回家，这真是赚了，邻居都来庆贺。这位老翁却说："这未必不是祸!"又过了几个月，老翁的儿子骑这匹胡马摔断了大腿骨，邻居们在佩服老翁的料事如神之余不忘安慰老翁，老翁却毫不在意地说："这倒未必不是福!"此事不久后，胡人入侵，壮丁统统被征调当兵，战死沙场者十之八九，而老翁的儿子却因为摔断了一条腿免役而保住一命。

"不以物喜，不以己悲"，潜藏着一种向上的力量和敏锐的智慧。求索者不患得患失，智慧者不浮躁，成功者不矜夸，不计较是否有颇丰的收获，也不计较失大于得的比例失调。"不以物喜，不以己悲"，是一种自我的回归，是一种人生的体验，是一种平衡心态的洒脱。

人生就像一次旅行，我们有走不完的路。古今多少事，都付笑谈中，更是一份淡泊。保持一份平常心，遇事沉着冷静，对待成功和失败一笑而过。只有这样你才能真正领略平淡其义，你的心里才能永远充满阳光。

南方楚国有一个人叫支离疏，他的形体像是造物主心情愉快时开的玩笑：脖子像丝瓜，脑袋形似葫芦，头垂到肚子上而双肩高耸超过头顶，颈后的发髻蓬蓬松松似雀巢，背驼得两肋几乎同大腿并列，好一个支支离离、疏疏散散的"美人"坯子!大家都认为他很丑，可是支离疏却不这么认为，反而暗自庆幸，感谢上苍独钟于他。平日里，支离疏乐天知命，舒心顺意，日高尚卧，无拘无束，替人缝补衣物、簸米筛糠，足以糊口度日。

当君王准备打仗，在国内各个地方强行征兵时，青壮汉子如惊弓之鸟，四散逃入山中。而支离疏，偏偏耸肩晃脑去看热闹，试想他这副容貌谁要呢，所以他才那样大胆放肆。当楚王大兴土木，摊派差役时，庶民万姓不堪骚扰，而支离疏却因形体不全而免去了劳役。到了寒冬腊月官府开仓赈贫的时候，支离疏却欣然前去领到三盅小米和十捆粗柴，仍然不愁吃不愁穿。

"月满则亏，水满则溢"，这是世之常理。否极泰来，荣辱自古周而复始。因此，大可不必盛喜衰悲，得喜失悲。

生活不是简单地为生而活，存在着更广阔的内容，即使生活再忙碌，也要留点宁静的时间给自己，梳理一下自己的思绪，放缓生活的脚步，好好享受当下的生活。

人，平平淡淡而来，也应平平淡淡而去。人生如一条淙淙流淌的长河，既有峰峦叠嶂时一泻千里的壮丽之美，也有走过一马平川时迂回柔情的安详，既有平静也有波澜壮阔的时候。拥有一颗平常的心是正常生活之人的平常之举，拥有一颗平常的心才能学会满足，才能理解别人，善待自己，享受生活。

人生就像一次旅行，我们总会遇到各种各样不如意的事情，俗话说得好，生活中不如意的事十之八九，令我们无法预料无从强求，但顺境中宠辱不惊、怡然自得，逆境里笑看云卷云舒，静观花开花落，才解世间浮沉，更见人生真谛。

对人生的宠辱得失看得淡一些，其实一切都是过眼烟云，去留无痕，真正的永恒只有心胸的豁达，这才是淡泊人生的最高境界。

人生心境就像浩瀚的大海，有时会惊涛骇浪骤起，有时会受到狂风暴雨的洗礼，在途中当然也不乏宁静的港湾供你停泊心灵的小舟。在人生之海驾驭生活之舟时，既需要有迎风破浪的勇气，也需要有不以物喜，不以己悲的心境！

第十一辑

把一天当作一辈子，静享当下

有的人沉溺于过去，痛苦，无法自拔；有的人憧憬于未来，迷茫，糊里糊涂。过去无法改变，将来无法捉摸，安享当下，即为解脱。活在当下，聆听生命，便活出了幸福。

百年等待，只为瞬间绽放

等待，是一段美丽的过程。

现代都市生活中，随处可见的是等待。比如，当你兴致勃勃地进入饭店吃饭，遇到慢吞吞的上菜速度，你只能愤然等待；当你开车遇到红灯的时候，你只得无可奈何地等待；当你去超市购物的时候，前面已经排了很多人，你不得不安静地等待。

无论是哪一种，等待往往使人有一种莫名的烦恼，这种烦恼中含有对他人的怨恨，对生活的抱怨，有人甚至祈祷时间过快一点，希望永远没有等待。殊不知，没有了等待，生活也就失去了原本的意义。

从前，有一个年轻人与女朋友约会。他早早地来到一棵大树下，左等右等就是不见女友的影子，于是长吁短叹起来。突然他的面前，出现了一个天使。天使送给他一样东西，只要按一下按钮，就可以逃过所有的等待时间。

年轻人试着按了一下按钮，女朋友立即出现在他面前。他想，现在我们举行婚礼该多好，于是又按了按钮，紧接着出现了热闹的婚礼场面，他与情人正手挽手向来宾鞠躬。要是现在我们就有了孩子，多好啊！于是，他的想法又实现了。他飞快地按着按钮，又有了孙子，重孙子，一眨眼工夫就儿孙满堂了。

一时之间，心中的愿望不断地超前实现了，可是此时的他却是老态龙钟，衰卧病榻，死亡的恐惧深深地包围着他。一直追求快点实现自己的愿望，很多东西没有享受就已经过去了。这时，他才明白，在生命中，即使等待也有很大的意义。

你还害怕等待吗？好好享受等待吧。

一篇文章里描写过这样一种花。

在南美洲一个海拔四千多米，人烟稀少的地方，生长着一种普雅花，花开之时美丽到极致。这种花的花期只有短短两个月，而且百年才能开一次花，然而它总是静静伫立在高原之上任凭雨打风吹，等待着100年后生命绽放时的惊天一刻，等待着攀登者的眼前一亮！

对普雅花来说，等待是一种美丽，而对于人来说不也是吗？现实都市人士缺乏的正是这种等待精神。那些好高骛远的人只看重成功的光辉却忽略了成功前的努力和等待，然而没有之前的努力和等待，哪来的成功呢？毕竟，成功是一个奋斗的过程而不是结果，人生更是如此，重要的是过程。

你看，飞舞的蝴蝶是美丽的，那种美丽是因为曾经在厚厚的茧壳中，蛹在黑暗与无助的寂寞中默默地等待并挣扎，才会为自己迎来了这份自由灿烂的美丽；鲜艳的花朵是美丽的，那是因为泥土中的种子在寂寞的时光中悄然地舒展着生命，等待着温柔的春风与细雨，才有了生命的希望。

不过，生活中也有这样一种人，他们在等待中既不会烦躁也不会绝望。他们会将等待的过程看成是一种体验，在等待的时间空间范围内去做，去看，去体会一系列可以享受到的东西，而对那时的他们而言，等待就不是痛苦的煎熬，而是一种别样的享受，是从各方面享受生活的难得一刻……

有一次，凯·本从偏远的农村搭车到城市，车到途中忽然抛锚。那时正值夏季，午后的天气闷热难当，这着实让人着急。凯·本询问司机，得知车子修好要用三四个小时，便独自步行到附近的一条河边。

河边清静凉爽，风景宜人，凯·本在河中畅游了一番之后，感到浑身的暑气全消、神清气爽，之后他躺在一片树荫下，迎着和煦的风，看着蔚蓝的天，听着婉转的鸟鸣，觉得此刻美妙极了，最后他又美美地睡了一觉。

等凯·本回来后，司机已经将车子修好了。此时已经将近黄昏，凯·本搭上车，趁着黄昏凉爽的风，直向城中驶进。尽管耽误了半天的时间，但是凯·本逢人便说："这是我平生最美妙、最愉快的一次旅行！"

在汽车抛锚又不能及早修好的情形下，别人可能会顶着烈日，气恼地抱怨车子怎么不能提早一分钟修好。而凯·本则利用这段时间安心地在河边享受了一番，如此这次旅行变成了最愉快的一次。等待的妙处由此可见一斑。

等待不是消磨时光、无所作为、庸庸碌碌，而是把握时机，审慎出击的一种智慧；是暂时忍耐，默然悲喜的一种胸怀。懂得等待，享受等待的人是睿智的，更是幸福的。等待是一种美丽的坚持，希望到来之前是等待，希望到来之后还是等待，因为那时又有一个新的希望了，而希望是生活的源泉和动力。

《希望井》中有这样一段话："掉落深井，我大声呼喊，等待救援……天黑了，黯然低头，才发现水面满是闪烁的星光。我在最深的绝望里，遇见最美丽的惊喜。"几米用诗意盎然的语言写出了耐人寻味的哲理：人生不会一马平川，也不会总是春风得意，任何时候都有可能出现困境，这时候你应该学会等待，在等待中你也许会发现生活的另外一个出口，遇见不期而遇的美丽。

梅斗霜雪，独立寒枝，那是在等待春天；雪声潇潇，花木入梦，那是在等待晨曦；孤云出岫，一无所系，那是在等待彩虹……等待，是一幅山水画，几经描绘，静心欣赏，才能感受到它的美丽。等待，是一杯香茗，精心泡制，细细品味，才能品尝到它的清香。愿我们学会等待，享受等待。

每一天都是现场直播

人生没有假如，更不能重新开始，也不能重新来过。

人到一定年纪，总会怀念以前的一些事情，反思自己的人生，也会后悔当年干了什么没干什么。我们常常听到类似这样的感慨：假如一切可以重新开始，我会做得很好；假如时光可以倒流，我会好好把握；假如再给我一次机会，我会尽力争取……我们太希望得到"假如"的垂青了，可是这只不过是一厢情愿而已。

人生是一次不能抗拒的前行，我们走的每一步都是现场直播，从起点到终点都是不可以重复的。人生是没有假如的，过了这一村，也就不会再有那一店了，已经不能挽回了，再也找不回来了，只有继续前进。所以，"假如"只会劳心费神，甚至可能导致更多更大的不幸。

话说回来，就算真有"假如"，我们的生命可以从头来过，我们的人生可以重新开始，当初在选择道路的时候，选择另外一个岔路口，那么我们的生活会不会更加精彩？我们的人生会不会更加完美？未必！

《蝴蝶效应》是一部著名的美国电影，这部电影有一个精妙构思——男主角埃文具有穿梭时空的能力，这为他提供了可以反悔的机会，于是他决定回到过去修正已经发生过的事实。然而，埃文一次次跨越时空的更改，只能越来越招致现实世界的不可救药。一切就像蝴蝶效应一般，牵一发而动全身，出现了防不胜防的意外。他挽救了心爱女友凯丽的生命，但却失手打死了凯丽的弟弟汤米，导致了自己的监狱之灾；他回到了爆炸的那天，将靠近信箱的母子扑倒，自己却变成了失去双臂的残疾人，母亲因此染上了烟瘾，得了肺癌，而凯丽则成为了别人的女友……

这部电影告诉我们，其实人生若真有"假如"，我们可以重新选择人生的话，一切，也许并不如同我们所想象的那样美好。因为人生是不可能停留的，主客观情势都在不断变化，此时已不是彼时，此人也非彼人。

人生没有那么多"假如"，过去的已经成为历史，你可以设法改变以前所发生事情产生的后果，但不可能改变之前发生的事情，唯一的办法就是"不为打翻的牛奶哭泣"，爬起来拍拍身上的灰尘，重新走上人生的旅途。

人生不可能总是一帆风顺，很多事情是经过之后才明白的，这就是成长的代价。我们与其沉浸在过去里抱怨、后悔，用忧虑来毁灭自己的生活，不如吸取这次的教训，然后把它忘记，开始注意下一件事。对此，著名的文学家刘墉也曾经说过："人生在世，我们可以转身，但不必回头，即使有一天发现自己错了，也应该转身，朝着对的方向大步向前，而不是一直回头埋怨自己的错误，陷在痛苦的泥潭里不能自拔。"

不要被过去的事情所影响，着眼于现在和将来，不要去苛求什么，也不必去奢望什么，将"假如"改成"下一次"，下一次我一定要如何如何，下一次我一定会做好的……这样才能阻止"假如"的事故继续重演下去，走向成功，走向幸福，走向安然。

最后，让我们铭记普希金所说的一句话吧："这一切终将过去，都将变成亲切的回忆。这一切，只不过是黎明前的黑暗，是历史上的一页。虽然我们身处黑暗，但是黎明总要播撒光明，历史也要翻开新的一页。现在的一切都将过去，而未来是搁笔待写的空白，需要我们去填写。"

明天，没有如果

不为明天烦恼，明天自有明天的烦恼。

现实生活中总有这样一些人，他们会情不自禁地为明天各种各样的事务忧虑不安，一串串的思绪在大脑中东飘西荡："明天早上我能够准时醒来吗？""明天我生了重病怎么办？""明天我遭遇意外怎么办？"……

殊不知，烦恼并不像存折上的钱，我们支出来一点就会少一点。明天的事情该来的还是会来，今天的忧虑并不能够改变明天的状况。如果我们总是为明天忧虑，除了徒增烦恼、压力重重之外，根本不会有幸福而言。

有这样一个医科专业的大学生，临近毕业时他的生活中充满了忧虑："毕业后我该做些什么事情？该到什么地方去？""我能找到工作吗？万一找不到，我怎样才能谋生？""我是不是该自己创业，那创业会不会很艰难？我能坚持下去吗？"……这些想法令他整天愁眉苦脸，寝食难安。

后来导师发现了这一问题，他找到这位大学生，意味深长地说："清扫落叶是一件极为辛苦的差事，但是昨天扫得很干净的院子，明天还是会落叶满地，因为只要一起风树叶就会落下来！傻孩子，不管你今天用多大的力气，还是要扫明天的落叶。明天的事情明天再想，让自己轻松一些吧！"

听了导师的话，这位大学生恍然大悟。

生在繁华都市之中，哪个人没有忧虑呢？没有人能真正做到无忧无虑，但"车到山前必有路，船到桥头自然直"。不要想太多有关明天的事，做好了今天就是为明天做准备，等明天的烦恼真来了再去考虑也为时不晚，"不要为明天忧虑，明天自有明天的忧虑，一天的难处一天当就够了！"

也许很多人会说：人无远虑，必有近忧，为明天做计划是一种理智。是的，人是应该对明天有所计划，可是如果计划变成了对明天的忧虑，那就不算计划而是重担了，远虑也就成为了近忧。再形象一点地说，明天天有晴时，也有雨时，阳光灿烂的今天就整天打着雨伞，你说累不累呀？

"不雨花犹落，无风絮自飞"，大自然的消长、人生的境遇都是冥冥之中的安排，忧虑的心灵解不开明天的"千千结"，做好今天的事情又何须为明天忧心呢！我们不是超人，精力总是有限的，忧虑的心灵撑不动明天的"许多愁"，一天的忧虑一天当就足够了，明天的事情明天做未尝不可。

更何况，明天的大多数忧虑是毫无意义的，多数根本就不会发生。"世界上有99%的预期烦恼是不会发生的，它们很有可能只存在于自我的想象中。"这是第二次世界大战时期美国作家布莱克伍德的一句名言，也是他的亲身经历。

布莱克伍德的生活几乎是一帆风顺的，即使遇到一些烦心事，他也能从容不迫地应付。但是，1943年夏天因为战争的到来，担忧接二连三地向他袭来：他所办的商业学校因大多数男生应征入伍而出现严重的财政危机；他的大儿子在军中服役，生死未卜；他的女儿马上要高中毕业了，上大学需要一大笔学费；他的家乡一带要修建机场，土地房产基本上属无常征收，赔偿费只有市价的十分之一……

一天下午，布莱克伍德坐在办公室里为这些事烦恼，他把这些担忧一条条地写下来，冥思苦想，却束手无策，最后只好把这张纸条放进抽屉。一年半之后的一天，在整理资料时，布莱克伍德无意中又发现了这张便条，而且这些担忧没有一项真正发生过。他担心他的商业学校无法办下去，但是政府却拨款训练退役军人，他的学校很快便招满了学生；他的儿子毫发无损地回来了；在女儿将入大学之前，他找到了一份兼职稽查工作，帮助她筹足了学费；住房附近发现了油田，他的房子不再被征收……

最后，布莱克伍德得出了一个结论："我以前也听人们谈起过，世界上绝大部分的烦恼都不会发生。对此我一直不太相信，直到我再看到自己这张烦恼单时，我才完全信服！为了根本不会发生的情况饱受煎熬，真是人生的一大悲哀！"后来他根据此，写了一本书《99%的烦恼其实不会发生》。

看见了吧！"世界上有99%的预期烦恼是不会发生的"，何必为无法预知的明天而让眉间上锁呢？何必因为尚未到来的明天让心灵阴翳呢？与其为明天忧虑，不如为今天努力。与其活在不可知的明天，不如活好已知的今天；与其活在尚未到来的明天，不如活好当下的今天。做好今天的事情，对生活心怀希望，就算所担忧的事情明天真的发生了，这种态度也会使事情朝着好的方向发展。

不必预支明天可能的烦恼，一天的难处一天担当就够。由此，也定能获得内心的平静，聆听到生命中的幸福！

断了弦，依然可以演奏

内心要有一股淡定自信的力量，斩断悲观，活在当下。

荷兰阿姆斯特丹有一座 15 世纪的老教堂，它的废墟上留有这样一行字："事情既然如此，就不会另有他样。对必然之事，且轻快地加以承受。"语句虽然简短，但是道理却很深刻——有生之年我们势必会遇到许多不快，它们是我们无法选择也无可逃避的，这时我们只能学会接受它们。

接受必然发生的事实，好好地把握现在，这是克服任何不幸的第一步。

小提琴上的 A 弦断了，演奏还能继续吗？在这种情况下，一般演奏者会停下来，换一把提琴再演奏。如果不巧找不到一把适用的小提琴，那么这支曲子也就只好到此为止了。不过，世界著名小提琴家欧利·布尔告诉我们"就算弦断了，也要把曲子演奏完"，当然这也缔造了他的成功。

一次，欧利·布尔在法国巴黎举行了一场万人瞩目的音乐会。当时欧利·布尔演奏得非常投入，饱含深情，听众们也听得很入神，不料突然发生了意外状况：一首曲子还未演奏完，小提琴上的 A 弦却断了。

面对突如其来的意外，周围的人异常紧张，他们不知道欧利·布尔该如何"收场"。如果处理得不好，就可能影响到整场音乐会，甚至影响到欧利·布尔日后的音乐生涯。就在"知情人"焦虑和观望的时候，欧利·布尔却丝毫没有在意那根断了的 A 弦，他从容不迫地继续演奏了下去。

当欧利·布尔演奏完毕后，整个音乐厅回响着热烈的掌声。后来，有记者采访欧利·布尔时问及此事，欧利·布尔淡淡一笑，回答道："要不然怎样呢？难道我就不继续演奏了？这就是生活，如果你的 A 弦断了，就用其他三根弦把曲子演奏完。"

A 弦断了，这对任何小提琴手来说都是一件糟糕的事。试想，如果欧利·布尔沮丧并自暴自弃地说："完了，我真倒霉，这可怎么拉下去啊！"那么他就真的完了，不仅会影响到音乐会的效果和自己的前程，而且还会陷入抱怨和诅咒命运的怪圈，自卑自怜地度过一生，成为一个懦夫和失败者。

不管什么时候，在什么场合，发生了怎样尴尬或难以解决的事，不要抗拒，不要逃避，学着面对它，接受它，然后想办法去改变它，而不是随波逐流，任由事态肆意发展，那么此时也就是不幸开始离去之时。正如美国哥伦比亚学院院长赫基斯所说："如果一个人能够把时间花在以一种很超然很客观的态度去看待既定事实的话，他的忧虑就会在知识的光芒下，消失得无影无踪。"

你也许以为自己办不到，但你要意识到我们内在的力量坚强得惊人，它可以强大屹立如山，遇风雨而不倒，那么也就完全可以自若地用断弦缔造一场无人能及的完美演出。要培养自己这样的个性是不容易的，因为它需要克服恐惧，斩断悲观，更需要内心有一股淡定自信的力量，活在当下。

塔金顿是美国的一个著名小说家，他常说："我可以忍受一切变故，除了失明，我绝不可能忍受失明。"可是在他六十多岁的时候，他有一天扫视了一下地上的地毯，竟发现自己看不清地毯的颜色和图案。去医院检查，医生告诉他一个不幸的消息：他的视力正在减退，其中一只眼已几近失明，另一只也快瞎了。

最恐惧的事发生了，塔金顿对这最大的灾难会如何反应呢？他是否觉得："完了，我的人生完了！"完全不是，他知道自己无法逃避，所以唯一能减轻受苦的办法，就是爽爽快快地去接受它。为了恢复视力，塔金顿在一年之内做了12次手术，而且他没为这事烦恼，他还会鼓励病友们振作起来。眼球里有黑斑浮动，会挡住塔金顿的视线，当有人问他是否感到不便时，他还因此发挥了一把幽默："当它们晃过我的视野时，我会说：'嗨！天气又这么好，你要到哪儿去？'"

如此乐观的人，还有什么灾难不能克服？塔金顿说："正如别人能够承受所遭受的不幸一样，我也能坦然直面我的失明。即便我的五种感官全部丧失了功能，我还可以靠思想生活。这件事教会我如何忍受，而且使我了解到，生命所能带给我的，没有一样是我能力所不及而不能忍受的。"

心理学家阿佛瑞德·安德尔说过："人类最奇妙的特性之一，就是把负的力量变成正的力量。"塔金顿的个性正是如此，遭遇了自己最恐惧的事，他没有逃避，没有抗拒，平和地接受了无法改变的现实，想到的是如何从这种不幸中脱离出来，如何改变自己的命运，进而享受到了生命的乐趣。

"天穹之下疾病多，有的易治有的难。有治就把良方寻，无治不必硬勉强"。是的，许多的经历，我们是无法逃避的，也是无所选择的。接受不可避免的事实，积极进行自我调整，才能使糟糕的事情变得柳暗花明，才能掌握好人生的平衡，才能最终改变自己的命运。

新英格兰著名女性主义者玛格丽特·福勒的人生信条就是："宇宙中的一切都是必然的，我接受宇宙中的一切。"当脾气古怪的苏格兰作家托马斯·卡莱尔听后，不禁大声吼道："我的天啊，她最好如此！"是的，我的天啊，你我最好都如此，如此坦然接受那已然发生的不可逃避的一切。

眼前的就是最好的

不要忽略了脚下的蘑菇。

西方有一则寓言。

一个小男孩提着篮子去田里捡蘑菇，捡到一个后就想，下一个可能比这个还大，于是丢弃了这个再去捡，但下次捡到的反比前一个小。他当然不甘心，总想要捡到一个最大的，于是扔了再去捡。就这样，扔了又捡，捡了又扔，篮子里一直是空空的。

这种"捡蘑菇"的心境大多数人都经历过，我们常会有好高骛远的心态，不自觉地给自己戴上望远镜，盯着很多很远的目标，结果小事瞧不起不愿做，而大事想做却做不来，或者轮不到做，最终英雄无用武之地，落空而归，一事无成，梦想化作一缕清风无处寻觅，空有抱怨，空有妒忌。

殊不知，高远的目标是激励人心且十分美好的，虽然我们可以心向往之，在无限的憧憬中尽情享受，但是最好的日子还是现在，身边比较清晰的显而易见的事才是我们应该努力做好的。捡起脚下的"蘑菇"，先别管它是大是小，只有这样才能真正有机会捡到"大蘑菇"，实现高远目标。

这个道理很简单，一项大目标是由很多小目标组成的，很多的小目标汇集在一起就是一个大目标。实现一个大目标，实际上就是去做那些小事情，只有把小事情做好了，实现了小目标，通过一点一滴的积累，才能最终实现大目标。古曰"不积跬步，无以至千里；不积小流，无以成江海"，说的正是这个道理。

　　尹梦是一名音乐系的大三学生，她给自己制定了一个目标，就是做一名出色的音乐家，但是她在音乐方面的发展不顺遂，这使得她一会儿雄心万丈，一会儿随波逐流，想了许多办法都没有摆脱这种困扰。"唉，为什么我不能够成为音乐家？""成为一名音乐家就这么难吗？"尹梦将自己的迷茫倾诉给了大学老师。

　　"想象你五年后在做什么？"突然间老师冒出了一句话，"别急，你先仔细想想，完全想好，确定后再说出来。"

　　沉思了几分钟，尹梦回答道："五年后，我希望能有一张唱片在市场上，而这张唱片很受欢迎，可以得到许多人的肯定。"

　　"好，既然你确定了，我们就把这个目标倒算回来，"老师继续说道，"如果第五年你有一张唱片在市场上，那么你的第四年一定是要跟一家唱片公司签上合约，那么你的第三年一定是要有一个能够证明自己实力、说服唱片公司的完整作品，那么你的第二年一定要有很棒的作品开始录音了，那么你的第一年就一定要把你所有要准备录音的作品全部编好曲，那么你的第六个月就是筛选准备录音的作品，那么你的第一个月就是要把目前这几首曲子完工。那么，你的第一个星期就是要先列出一整个清单，排出哪些曲子需要修改，哪些需要完工，对不对？"

　　"不要去看远处模糊的东西，而要动手做眼前清楚的事情。"老师意味深长地说。

　　听了老师的话，尹梦犹如醍醐灌顶，猛然惊醒。自此，她脱离了那种虚无缥缈的期盼，接下来的一个星期她列出了一整个清单，然后一步步开始实现自己的目标，最终成为了一名出色的音乐家。

可见，好高骛远，想一蹴而就，不但违反自然规律，而且寸步难行，只会使自己失望，加深挫折感而已。要想成功，唯一的办法就是以立足的地方为起点，踏踏实实地走好脚下的每一步，不害怕困难和挫折，一步步缩短梦想与现实之间的距离，那么最终任何梦想都能够成为现实。

踩实人生的每一步，一步一个脚印，听起来好像没有冲天的气魄、没有诱人的硕果、没有轰动的声势，可细细琢磨一下：每天一步一个脚印，不需要付出太大的代价，只要努力就可以达到目标。心里踏实，步履稳健，迎接明天的早晨就不会心虚，在不动声色中就能创造一个震撼人心的奇迹。

洛杉矶湖人队负责人以年薪120万美金聘请了一位教练，他们希望教练能够通过高明的训练方法，帮助队员们提升战绩。但是，教练来到球队之后，却没有什么独特的训练方法，而是对12个球员这样说道：我的训练方法和上任教练一样，但是我只有一个要求，你们可不可以每天罚篮进步一点点，传球进步一点点，抢断进步一点点，篮板进步一点点，远投进步一点点，每个方面都能进步一点点？

天啊！这是什么训练方法，负责人在心里偷偷捏了一把汗。不过，很快他就改变了自己的态度，他不得不佩服起教练来。因为在新季度的比赛中，湖人队大败其他球队，勇夺NBA总冠军。对于自己的"战果"，教练总结说，因为12个球员每一天在5个技术环节中分别进步1%，所以一个球员进步5%，而全队进步了60%。这些天来，他们每天坚持进步一点点，可想而知他们的进步有多大……

积跬步以至千里，积小流以成江海。没有漫长的量的积累，怎么可能有质的飞跃？

每个人都希望生活如鱼得水，每个人都向往事业高升、飞黄腾达，但没有谁会白白地送给我们这一切，只有用我们的忍辱负重和坚韧不屈去赢取。从眼前的一点一滴做起，每天一步一个脚印，这应该是我们每天追求的目标，也是值得一辈子去付诸努力的事情。加油！

清茶伴炉，静享此刻

流光一闪，就红了樱桃，绿了芭蕉。

生命的意义是由每一个唯一的此时此刻构成的，我们不是为过去而活，也不是为未来而活。可惜不少都市人士不懂这个道理，总是一味地留恋过去的事情，或者一味地憧憬未来更美好的东西，而忽视了拥有的此时此刻。

曾读过这样一个故事，令人颇有感触。

一位哲人旅行时途经一座古城的废墟，岁月让这座城池极尽荒芜，但他凭着自己锐利的眼光还是看出这座城池昔日辉煌时的风采。城池的兴衰给哲人带来了无尽的思索，他随手搬过一个石雕坐下来，不由得感慨万千。

忽然，一个声音飘进哲人的耳朵："先生，你感叹什么呀？"哲人四下张望却没有人，后来发现声音来自自己坐着的石雕——那是一尊"双面神"石雕。哲人没见过双面神，奇怪地问："你为什么会有两副面孔呢？"

双面神说："有了两副面孔，我才能一面察看过去，牢牢吸取曾经的教训；另一面瞻望未来，去憧憬无限美好的明天。"

哲人听罢，说道："过去的只能是现在的逝去，再也无法留住；而未来又是现在的延续，是你现在无法得到的。你不把现在放在眼里，即使你能对过去了如指掌，对未来洞察先知，又有什么意义呢？"

听了智者的话，双面神不由得痛哭起来："你的这番话让我茅塞顿开，我终于明白，我今天落得如此下场的根源。"

哲人问："为什么？"

双面神解释说："很久以前我驻守这座城池时，总是一面察看过去，一面瞻望未来，却唯独没有好好把握现在，结果这座城池被敌人攻陷了，美丽的辉煌成了过眼云烟，我也被人们唾骂而弃于这废墟中。"

昨天已成为过去，明天还没有到来，总回想过去，有限的精力会被无端浪费，老幻想明天，时光就会白白地流逝。人生不是徘徊，人生不是等待，人生最好的时光就是宝贵的现在，我们一定要学会活在当下。

到底什么叫作"当下"？简单地说，"当下"指的就是：你现在正在做的事、待的地方、周围一起工作和生活的人；"活在当下"就是要你把关注的焦点集中在这些人、事、物上面，全心全意认真去接纳、投入和体验这一切。

弟子们跟着大珠禅师修道已经好几年了，常常听禅师说"禅"这个字，却不明白究竟什么是禅。有一次，一名弟子与大珠禅师吃饭的时候，忍不住问："师父，你们不是常常说禅吗？到底什么是禅啊？"大珠禅师停下手中的筷子，冷冷地看了弟子一眼，什么都没有说。到了晚上睡觉的时候，这名弟子又忍不住问大珠禅师："师父，你快告诉我，到底什么是禅啊？"这次大珠禅师有动作了，他轻轻地用手敲了敲小和尚的头，然后闭着眼睛说："吃饭的时候吃饭，睡觉的时候睡觉，这就是禅！切勿，吃饭时不吃饭，须索百种；睡觉时，不睡觉，而千般百计较。"

"吃饭的时候吃饭，睡觉的时候睡觉"这句话确实禅意十足，我们在吃饭时想着睡觉，在工作时想着休息，在恋爱时想着分手，在拥抱时还在看表，在上床时想着工作……我们不能在当下的一刻做专一的事。

学习就专心学习、工作就专心工作、吃饭就专心吃饭、睡觉就专心睡觉。此时此刻便是一个停滞的当下，你只需凝神静享，躺在时间的河流里接受当下的润泽。它可以是在阳光下的悠然漫步，可以是黄昏里的默默执手……如果把当下扔进生命之杯，那当下就是暖炉上的一杯清茶，暖暖的依存，淡淡的清香。

活在当下，什么都不想，就只是在那里，在当时，享受每一个真实刹那，是最愉快、最安稳、最科学的一种方法。那春天美丽的花、夏日凉爽的轻风、秋天丰硕的果实、冬日和煦的阳光，那得之不易的机会，那美好的幸福时光，那大好的青春年华……

对过去已发生的事不做无谓的思维与计较，所以无悔；对未来会发生什么也不去做无谓的想象与担心，所以无忧。没有过去拖在后面，也没有未来拉着往前时，生命全部的能量都集中在这一刻，生命也就具有了一种巨大的张力，喜悦而不为一切由心所生的东西所束缚，这就是幸福的最好写照了。

事实上，"当下"也是稍纵即逝的，正如朱自清在《匆匆》里所描述的："洗手的时候，日子从水盆里过去；吃饭的时候，日子从饭碗里过去；默默时，便从凝然的双眼前过去……"当下的前一秒是过去，下一秒就是未来，当下连接着过去和未来，所以好好把握现在，活在当下，我们也就拥有了过去和未来。

时间是由无数个"当下"串联在一起的，每一个瞬间、每一个当下都将是永恒。林清玄在作品《天心月圆》中说过这样一句话："昨天的我是今天的我的前世，明天的我就是今天的我的来生。我们的前世已经来不及参加了，我们有什么样的来生尚且不知。让它们去吧！就把握今天吧！"

"对酒当歌，人生几何？"人活百岁，不过三万多天，白驹过隙，忽然而已。年华似水，无关痛痒，它静静地，悄悄地从我们身边流过。流光一闪，红了樱桃，绿了芭蕉。活在当下的此时此刻，用心演绎生活的精彩，感悟生命的真谛，就能拥抱真正的自我，找到获得平和与宁静的入口。

不浮不躁，坐看云起，端坐静感，乐享当下。

花开堪折直须折

在有限的生命里，做自己喜欢的事情，人生才能了无遗憾。

"等到我买房子以后，我就买几件漂亮衣服，现在买有些太破费了"；
"等我最小的孩子结婚之后，我就可以松口气，来场国外旅行啦"；
"等我把这笔生意谈成之后，我会准备一顿美餐，好好犒劳自己"；
……

人们似乎都很愿意牺牲当下，去换取未知的等待；牺牲今生今世的辛苦钱和时间，去购买后世的安逸。殊不知，人生是由时间构成的，而时间是无法储存、无法珍藏的。人生错过了，也就错过了，失去的便永远不再。

我们先来看一个寓言故事。

从前有一个富翁，他家地窖里珍藏着很多葡萄酒，其中一坛品质上乘、历史悠久的被深埋于地，这只有他知道。州府的总督登门拜访，富翁提醒自己："不，不能开启那坛酒，这酒不仅仅为一个总督启封。"国王来访，和他同进晚餐，但他想："国王不懂这坛酒的价值，喝这种酒过分奢侈了。"甚至在他儿子结婚那天，他还自忖道："不行，不能拿出这坛酒，要等待最重要的时刻才可以。"

随着时间的流逝，富翁地窖里的葡萄酒被喝了一坛又一坛，唯独那坛葡萄酒没有人动过。有一天富翁死了，下葬那天地窖里所有的酒坛都被搬了出来，除了那一坛陈年老酒，因为没有人知道它埋在哪儿。就这样，这坛酒依然被深埋在地下，一年又一年，也没有人知道它的味道有多醇香……

看到了吧，美丽的东西不享用它，平白冷落，便是一种糟蹋。将希望寄予等到方便的时间才享受，我们不知会错过生命中多少美好的东西，失去多少可能的幸福，这就像没有在最适当的时候去做适当的事情，想起来，都是一种遗憾。

还记得一首名为《我要去桂林》的流行歌曲吗？"我想去桂林呀，我想去桂林，可是有了钱的时候我却没时间……"口袋没钱的时候，我们有的是时间，可一旦口袋里装满了钞票，时间又没有了，也许这就是很多人无法遂愿的主要原因吧！其实这也完全是我们生活的真实写照。

一个80岁的老人写了一篇文章，文章大概是这样的。

在我的一生里，我必须是贴心的女儿、温柔的妻子、慈祥的母亲、勤劳的员工，我每天都在为了这些事情忙碌，而一刻也停不下来。直到现在，生命将灭，当我不得不停下来时，才深深地意识到，我还有很多事情没有做，有很多话来不及说，很多东西都还没有吃过……这实在是人生的失败和遗憾。

如果我能重活这一生，我要享有更多那样的时刻——每一刻、每一分、每一秒。如果一切能重来，我要做什么呢？我会在早春赤足到户外踏春，在深秋里买自己喜欢的呢大衣，我还要去游乐园坐几次旋转木马，多看几次日出，跟朋友们一起欢笑，只要人生能够重来。但是你知道，不能了……

或是因为太过珍贵，或是因为有重大纪念意义，人生中有些东西值得珍藏，但有时候及时"消耗"，反而比珍藏更有意义。譬如，一瓶好酒，和家人、朋友坐在一起品尝它，大家一起津津乐道地赞美它的醇香与它的美妙，远远要比把它独自藏起来的意义更深远，反而更给生活添加光彩。

的确，人生就像是一张支票，是有期限的。很多东西生不带来死不带去，如果不在规定的期限内用尽，你将再也没有机会了。与其等着死后白白地浪费掉，还不如现在开开心心地享受一把。生命只在一瞬间，花开堪折直须折。美丽的东西只有在用的时候，才能更见其光华。

有一次，意大利记者吉阿提尼访问俄罗斯著名钢琴家安东·鲁宾斯坦。告别时，鲁宾斯坦热情地送给吉阿提尼一盒他最喜欢抽的雪茄。

吉阿提尼很是激动，说："我要好好地把它们珍藏起来。"

"千万不可，"鲁宾斯坦回答，"你一定要现在把它们抽掉。这些雪茄美妙如人生，人生是不能保存的，你一定要尽量享受它。要知道，没有爱和不能享受人生，生活就没有了任何的乐趣。"

"人生是不能保存的，我们要尽量享受它"。鲁宾斯坦实在是一个智者！

享受人生，正如法国作家蒙田所言，是至高神圣的美德。亚历山大大帝在短短 13 年中，以其雄才大略东征西讨，建立了一番霸业。尽管如此，他也视享受生活乐趣为自己的正常活动，而把自己的叱咤风云的战争生涯看作非正常活动。

人生苦短，不要想得太多，想做就做，想吃就吃，想爱就爱，学会慷慨地及时行乐，及时采撷生命意义的花朵，及时享受身边的美好事物吧。这样，我们就会觉得生活的美好，生命的可留念。在有生之年，我们可以很满足地对所有人说：我努力过，我也享受过，我的人生没有遗憾。